Raisul Islam
Nazmul Hasan
Mohammad Riasat Ahmed

Prospecção de Cloud Computing no Sector das Telecomunicações do Bangladesh

Raisul Islam
Nazmul Hasan
Mohammad Riasat Ahmed

Prospecção de Cloud Computing no Sector das Telecomunicações do Bangladesh

ScienciaScripts

Imprint
Any brand names and product names mentioned in this book are subject to trademark, brand or patent protection and are trademarks or registered trademarks of their respective holders. The use of brand names, product names, common names, trade names, product descriptions etc. even without a particular marking in this work is in no way to be construed to mean that such names may be regarded as unrestricted in respect of trademark and brand protection legislation and could thus be used by anyone.

Cover image: www.ingimage.com

This book is a translation from the original published under ISBN 978-613-9-96299-0.

Publisher:
Sciencia Scripts
is a trademark of
Dodo Books Indian Ocean Ltd. and OmniScriptum S.R.L publishing group

120 High Road, East Finchley, London, N2 9ED, United Kingdom
Str. Armeneasca 28/1, office 1, Chisinau MD-2012, Republic of Moldova, Europe
Printed at: see last page
ISBN: 978-620-5-75611-9

ABSTRACT

No campo das TI, a computação em nuvem introduz uma nova era. Quase todas as partes das TI dependem desta nebulosa computacional. É a mais recente técnica de fornecer recursos computacionais como um serviço. Reduz muitos obstáculos no campo das TI. Esta tecnologia permite uma computação muito mais eficiente, centralizando o armazenamento de dados, o processamento e a largura de banda. A popularidade da computação em nuvem está a aumentar de dia para dia. O principal objectivo desta tese é introduzir um sistema de registo de cartões SIM móveis baseados na nuvem, que pode ser implementado com a ajuda de uma base de dados central. Nesta pesquisa, a base de dados central é o armazenamento em nuvem que compreende com informação global de um cidadão de qualquer idade. A base de dados irá enriquecer com a informação pessoal (como nome, nome dos pais, endereço actual e permanente, etc.) número de telefone, número de telemóvel, número de passaporte, número de identificação do eleitor, informação relacionada com educação e experiência profissional. Deve ser mencionado que esta base de dados central só pode ser implementada pelo Governo e o sistema de registo móvel proposto conta completamente com ela. Este sistema proposto é baseado em linha, autenticado e eficiente. Minimiza a perseguição do registo do cartão SIM móvel, bem como o volume da taxa de criminalidade. Este documento de investigação centrou-se nos processos de implementação, análise de desempenho e outras entradas/saídas do sistema proposto. Finalmente, a expansão futura, juntamente com as possibilidades de execução prática, é também desenhada neste documento.

TABELA DE CONTEÚDOS

CAPÍTULO 1

INTRODUÇÃO

1.1 Visão geral do Cloud Computing

A informática está a ser transformada num modelo que consiste em serviços que são comercializados e entregues de forma semelhante aos serviços públicos tradicionais, tais como água, electricidade, gás e telefonia. Num tal modelo, os utilizadores acedem a serviços baseados nas suas necessidades sem ter em conta onde os serviços são hospedados ou como são entregues. Vários paradigmas informáticos prometeram fornecer esta visão de utility computing e estes incluem o cluster computing, Grid computing, e mais recentemente a Cloud computing. O último termo denota a infra-estrutura como uma "Nuvem" a partir da qual empresas e utilizadores podem aceder a aplicações de qualquer parte do mundo, a pedido. Assim, o mundo da computação está a transformar-se rapidamente para o desenvolvimento de software para milhões de pessoas para consumir como serviço, em vez de correr nos seus computadores individuais. Actualmente, é comum o acesso a conteúdos através da Internet de forma independente, sem referência à infra-estrutura de alojamento subjacente. Esta infra-estrutura consiste em centros de dados que são monitorizados

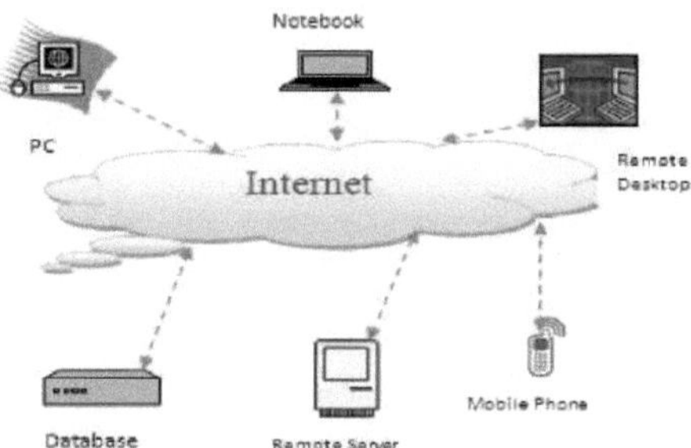

Figura 1.1: Computação cm nuvem

e mantido 24 horas por dia pelos fornecedores de conteúdos. A computação em nuvem é uma extensão deste paradigma onde as capacidades das aplicações empresariais são expostas como serviços sofisticados que podem ser acedidos através de uma rede. Os fornecedores de serviços em nuvem são

3

incentivados pelos lucros a serem obtidos através da cobrança aos consumidores pelo acesso a estes serviços. Consumidores, tais como empresas, são atraídos pela oportunidade de reduzir ou eliminar custos associados à prestação "interna" destes serviços. No entanto, uma vez que as aplicações em nuvem podem ser cruciais para as operações comerciais centrais dos consumidores, é essencial que os consumidores tenham garantias dos fornecedores na prestação dos serviços. Normalmente, estas são fornecidas através de Acordos de Nível de Serviço (SLAs) mediados entre os fornecedores e os consumidores [1].

1.2   Conceito e Definição de Cloud Computing

Tem havido várias definições de computação em nuvem. Tal como muitos profissionais e investigadores, também utilizamos a seguinte definição de computação em nuvem fornecida pelo Instituto Nacional de Normas e Tecnologia dos EUA (NIST).

A computação em nuvem é um modelo que permite o acesso conveniente, a pedido, a uma rede partilhada de recursos informáticos configuráveis (por exemplo, redes, servidores, armazenamento, aplicações e serviços) que podem ser rapidamente provisionados e libertados com um esforço mínimo de gestão ou interacção com o fornecedor de serviços [3].

Existem três categorias principais de modelos de serviços de computação em nuvem: Infra-estrutura como Serviço (IaaS), Plataforma como Serviço (PaaS) e Software como Serviço (SaaS) [4]. A escalabilidade é uma das características mais proeminentes de todas as três categorias. Os sistemas IaaS podem oferecer recursos de computação elástica como o Amazon Elastic Compute (EC2) e recursos de armazenamento sob demanda como o Amazon's Simple Storage Service (S3). Entre eles, dois dos modelos de implementação mais comuns de computação em nuvem são a infra-estrutura pública de nuvem e a infra-estrutura privada de nuvem. O primeiro é a infra-estrutura de computação em nuvem fornecida por um fornecedor de serviços de terceiros (como o Google e a Amazon) com base no modelo pay-as-you-use e o segundo é a infra-estrutura de computação em nuvem criada e gerida por uma organização para seu próprio uso.

Ambos os tipos de modelos de implantação têm vindo a ganhar popularidade por várias razões, por exemplo, menor custo de entrada, menor risco de falha da infra-estrutura de TI, respostas rápidas a mudanças na procura, implantação rápida, maior segurança, e capacidade de concentração no negócio principal de uma organização. No entanto, existem certas razões legais, políticas e sócio-organizacionais que podem desencorajar uma organização de utilizar a infra-estrutura pública em nuvem para certos tipos de actividades, por exemplo, processamento e armazenamento dos dados privados dos cidadãos. Para este tipo de situações, a infra-estrutura privada de nuvens é considerada uma alternativa adequada. Assim, as infra-estruturas privadas de nuvens estão a ganhar muito mais popularidade do que as soluções de nuvens públicas em certas partes do Mundo, por exemplo, na Europa. Outra grande razão para um interesse crescente na criação e gestão da nuvem privada na Europa é uma incerteza significativa sobre a potencial regulamentação da UE em termos de privacidade, segurança, localização e propriedade de dados. Além disso, um grande número de empresas dos sectores privado e público contam fortemente com a comunidade de fonte aberta (mais de 50% da comunidade de fonte aberta está baseada na Europa), razão pela qual os fornecedores de nuvens baseados nos EUA enfrentam a resistência dos governos locais europeus. O Reino Unido, os Países Baixos, e os países nórdicos estão na vanguarda das nuvens habilitadas, e parece que as nuvens locais e regionais irão dominar nos próximos anos. Do lado económico, a necessidade de processar grandes volumes de dados está a crescer fortemente tanto na indústria como na investigação, a necessidade de conservar energia através da optimização da utilização do servidor está também a crescer. Além disso, há uma procura crescente de consolidação de recursos informáticos devido à conjuntura económica (recessão). O mercado está a caminho do poder de computação a pedido, tanto para as pequenas empresas como para a investigação, que estão cada vez mais a explorar a opção de ter soluções de nuvem privada, especialmente os sectores académico e científico que têm uma grande quantidade de dados de estudantes e de investigação que podem não ser transmitidos às infra-estruturas públicas dos fornecedores de nuvem. Apesar de um interesse crescente em soluções de computação em nuvem pública, não existe praticamente nenhum guia abrangente para construir, operar, resolver problemas e gerir uma infra-estrutura de nuvem privada. A aguda escassez ou indisponibilidade de directrizes para construir e gerir uma nuvem privada utilizando um Software de Código Aberto (OSS) está a ser cada vez mais sentida nos mundos académico e científico.

1.3   Antecedentes do Cloud Computing

Logo no início do século XX, muitas empresas introduziram uma tendência de investimento maciço no estabelecimento do centro de dados e da rede. Mas no final do ano 2000, este mercado tinha caído. Algumas grandes empresas, que sonhavam em obter um bom lucro com o centro de dados, pareciam ter utilizado apenas 5% da capacidade do seu centro de dados. No resto do tempo, o sistema permaneceu sem ser utilizado. Depois foi introduzida a ideia da computação em nuvem, como se pudessem alugar o seu computador com base na hora. Esta ideia introduziu-nos a uma nova era de computação. Depois o Amazon.com estabeleceu a Elastic Compute Cloud (EC2). Actualmente, muitas empresas gigantes como a IBM, Microsoft, e Google etc. estão envolvidas no negócio da computação em nuvem [5].

1.4   Componentes da nuvem

Num sentido simples e topológico, uma solução de computação em nuvem é composta por vários elementos: Clientes, o datacenter, e servidores distribuídos. Como mostrado na Figura 1.2, estes componentes compõem as três partes de uma solução de computação em nuvem. Cada elemento tem uma finalidade e desempenha um papel específico no fornecimento de uma aplicação funcional baseada na nuvem [6].

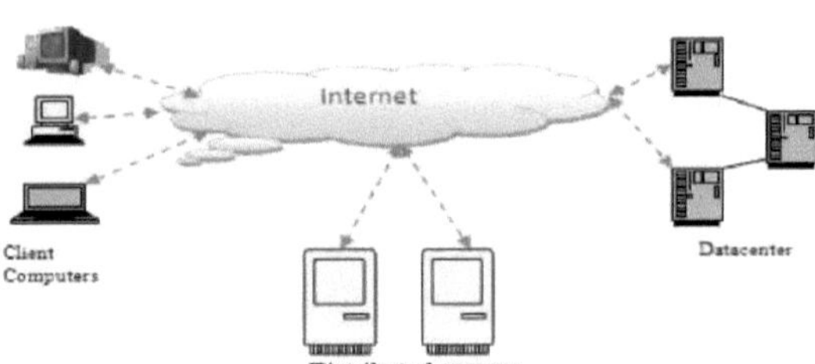

Figura 1.2: Componentes das nuvens

1.5   Serviços e modelos de implantação de Cloud Computing

Uma das principais razões para um aumento meteórico da popularidade e adopção da computação em nuvem é o seu enorme nível de flexibilidade para aumentar ou diminuir a escala de software e infra-estruturas de hardware sem grandes investimentos iniciais. Assim, espera-se que qualquer infra-estrutura baseada na nuvem tenha três características: capacidade de adquirir recursos transaccionais a pedido, publicação de recursos através de um único fornecedor, e mecanismos para facturar aos utilizadores com base na utilização de recursos [7]. As provisões e aquisições de computação em nuvem são normalmente caracterizadas por serviços e modelos de implementação bem conhecidos. A fim de compreender e apreciar plenamente a necessidade e o valor de ter uma nuvem privada, descrevemos brevemente nesta secção os serviços e modelos de implementação de computação em nuvem monly conhecidos. As figuras 1.3 e 1.4 apresentam as visões pictóricas dos serviços e modelos de implementação mais conhecidos da computação em nuvem.

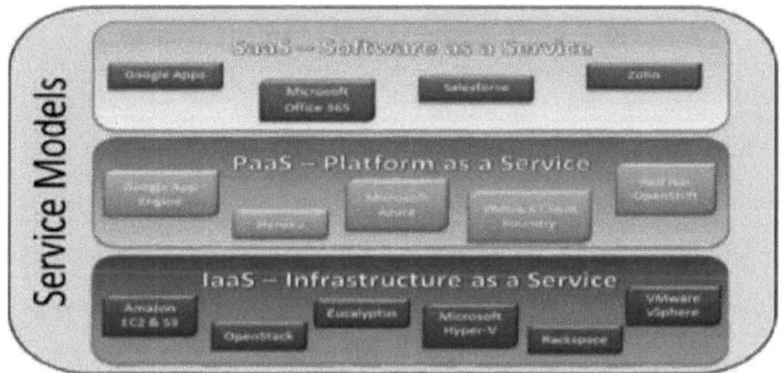

Figura 1.3: Modelos de serviços de computação em nuvem mais conhecidos [8]

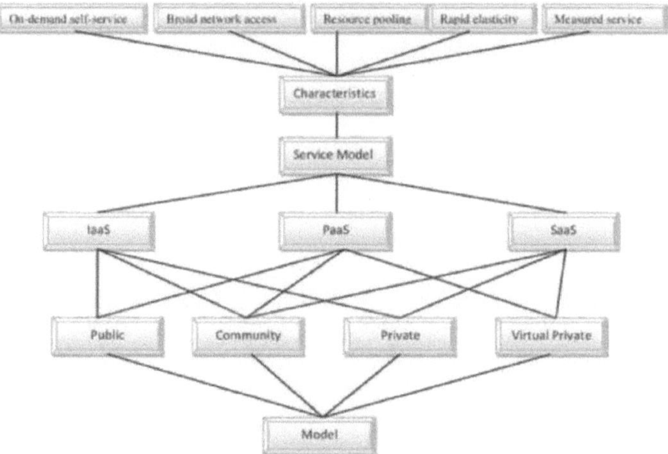

Figura 1.4: Inter-relação [características, modelo de serviço, modelo de implantação [9]

1.5.1 Modelos de serviço

Um serviço é definido como um recurso reutilizável de grão fino (ou seja, infra-estrutura ou processos empresariais) disponível de um fornecedor de serviços; isto é agora o que é popularmente chamado como um serviço. Os serviços devem ter barreiras de entrada baixas (tornando-os disponíveis para empresas de baixo orçamento), grande escalabilidade, multitenancy (mesmos recursos partilhados por muitos utilizadores, sem interferência), e apoio a várias possibilidades de acesso relativamente a diferentes tipos de infra-estruturas de hardware e sistemas operativos.

Software as a Service (SaaS) é um tipo de aplicação que está disponível como serviço aos utilizadores; fornece software como serviço através da Internet, eliminando a necessidade de instalar e executar a aplicação em computadores locais, a fim de simplificar a manutenção e o apoio. Uma das principais diferenças da utilização de uma aplicação deste tipo é que a aplicação é normalmente utilizada sem poder fazer muitas adaptações e, de preferência, sem integração apertada com outros sistemas. Tais aplicações são acessíveis a partir de vários dispositivos clientes utilizando uma interface de cliente fino, tal como um navegador web; o fornecedor de serviços faz toda a operação e manutenção desde a camada da aplicação até à camada da infra-estrutura. As aplicações que são boas candidatas a serem oferecidas como SaaS são contabilidade, videoconferência, Gestão da Relação com o Cliente (CRM) e Gestão de Serviços de TI. Um dos benefícios do SaaS é o menor custo, a familiaridade do utilizador com a WWW, e a disponibilidade e fiabilidade da Web [8].

Figure 1.5: Serviços SaaS [9]

Plataforma como Serviço (PaaS) fornece tudo o que é necessário para construir aplicações directamente da Internet, sem instalação de software local. O modelo de serviço PaaS permite a implementação de aplicações sem o custo e a complexidade de comprar e gerir as camadas de hardware e software subjacentes. Um cliente pode implantar uma aplicação directamente na infra-estrutura da nuvem (sem gerir e controlar essa infra-estrutura) utilizando as linguagens e ferramentas de programação suportadas por um fornecedor. Um cliente tem o controlo sobre as suas aplicações e as configurações do ambiente de alojamento. Suporta interfaces de desenvolvimento web tais como o Protocolo de Acesso a Objectos Simples (SOAP) e Transferência de Estado Representacional (REST). As interfaces permitem a construção de múltiplos serviços web (mash-ups), e são também capazes de aceder a bases de dados e serviços de reutilização disponíveis na rede privada [8].

Figure 1.6: Serviço PaaS [2]

Infra-estrutura como Serviço (IaaS) fornece uma infra-estrutura informática que é um recurso fundamental como poder de processamento, capacidade de armazenamento e rede aos clientes; em vez de construir centros de dados, adquirir servidores, software ou equipamentos de rede, um cliente compra os recursos como um serviço totalmente externalizado; um cliente não gere a infra-estrutura subjacente mas tem controlo total sobre os sistemas operativos e as aplicações que neles correm. Os modelos IaaS fornecem frequentemente suporte automático para a escalabilidade a pedido dos recursos informáticos e de armazenamento [8].

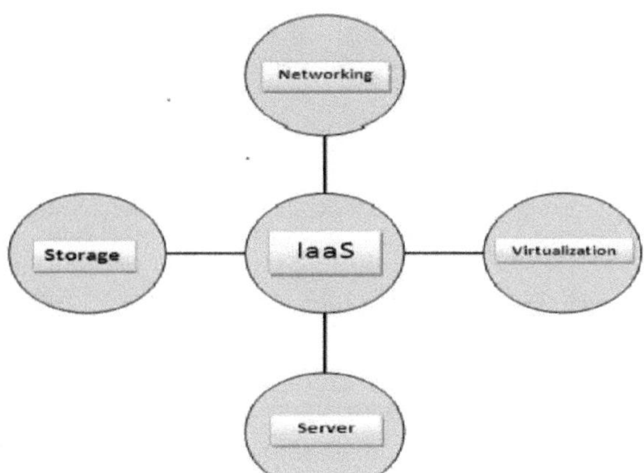

Figura 1.7: Serviços IaaS [9]

1.5.2 Modelos de implantação

Seguem-se os modelos de implantação mais conhecidos, como mostrado na Figura 1.8.

Nuvem privada refere-se a uma infra-estrutura de nuvem que é interna a uma organização e que normalmente não está disponível ao público em geral. Uma infra-estrutura de nuvem privada é normalmente operada e gerida pela organização que a possui. No entanto, uma organização também pode conseguir que um fornecedor público de nuvens construa, opere e administre uma infra-estrutura privada de nuvens para uma organização. Por vezes, a operação e/ou gestão de uma infra-estrutura privada de nuvem também pode ser subcontratada a uma terceira parte. Os centros de dados de uma nuvem privada podem estar no local ou fora do local (por razões de segurança e desempenho).

A nuvem pública é uma infra-estrutura de computação em nuvem que é disponibilizada como pay-as-you-go e acessível ao público em geral. O serviço de nuvem pública é vendido de acordo com o conceito chamado utility computing [10]. Uma infra-estrutura pública de cloud computing é propriedade de uma organização que fornece os serviços de cloud computing, tais como Amazon Web Services e Google AppEngine.

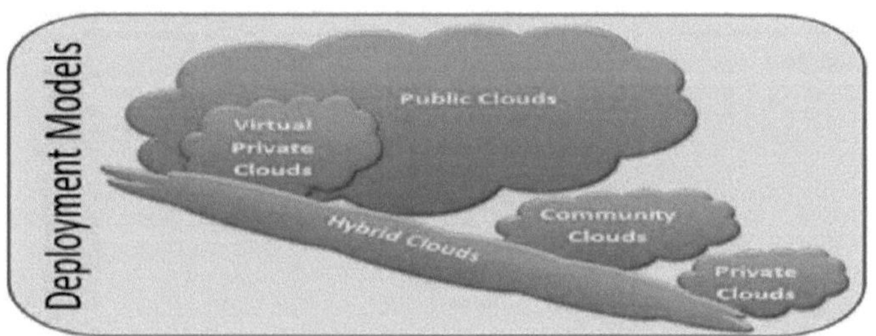

Figura 1.8: Modelos de implantação de computação em nuvem mais conhecidos [8]

1.6 O Roteiro Estratégico para a Nuvem

A visão estratégica foi definida. O estado actual das TI é entendido em termos de como o que está actualmente em vigor, de uma perspectiva processual, organizacional e tecnológica. O estado futuro das TI dentro do negócio foi definido. Agora é o momento de planear a forma como a organização terá de mudar para alcançar a sua visão para o futuro.

Na mudança para soluções baseadas na nuvem, as mudanças organizacionais e de processo são inevitáveis. O modelo básico de como as TI estão a ser entregues irá mudar. De facto, a organização de TI mudará para ser mais como um negócio e menos como a loja tradicional de TI.

De uma perspectiva organizacional, a estrutura com o negócio de TI tornar-se-á mais alinhada como um negócio e menos como um departamento dentro do negócio. O processo para realizar esta mudança requer planeamento e visão para ser bem sucedido.

Do ponto de vista tecnológico, a infra-estrutura informática tornar-se-á mais estandardizada, menos complexa e, até certo ponto, mais produtiva quando vista da perspectiva dos seus clientes. As TI venderão produtos em vez de fornecerem serviços.

Estas mudanças organizacionais e tecnológicas não podem e não devem acontecer da noite para o dia. Devem ser planeados e executados passos incrementais para mover a organização no sentido de gerir as TI como um negócio, e alterar a infra-estrutura tecnológica para permitir que as TI vendam a sua carteira de produtos [11].

1.7 Características essenciais do Cloud Computing

Um aumento aparentemente meteórico da popularidade da computação em nuvem tem várias razões técnicas e económicas. Algumas destas razões são consideradas as características essenciais das soluções baseadas na nebulosa computacional. A seguir, enumeramos algumas das características mais frequentemente relatadas da nebulosa computacional. Isto significa que uma solução baseada na computação em nuvem, privada ou pública, deverá demonstrar as seguintes características.

Auto-serviço a pedido

Um consumidor de soluções de computação em nuvem deve ser capaz de adquirir e libertar automaticamente os recursos informáticos sem exigir qualquer acção dos fornecedores de serviços sempre que a necessidade de tais recursos aumente ou diminua.

Acesso à rede alargada

Os recursos informáticos baseados em cloud computing estão disponíveis através da rede e são acedidos por plataformas clientes finas ou grossas.

Pooling de recursos

Os recursos informáticos disponíveis, físicos ou virtuais, são agrupados e são dinamicamente atribuídos e reatribuídos com base na procura dos consumidores; múltiplos consumidores são servidos utilizando um modelo multi-tenant.

Elasticidade rápida

O aprovisionamento e a libertação dos recursos, instantânea e elástica, são feitos de preferência de forma automática, a fim de permitir a um consumidor uma rápida escala de saída e entrada; em comparação com a procura do cliente, os recursos podem parecer ilimitados, disponíveis em qualquer quantidade e a qualquer momento.

Serviço medido

Uma solução de computação em nuvem também tem a capacidade de medir o consumo de recursos, e de controlar e optimizar automaticamente os recursos; isto acontece em algum nível de abstracção correspondente ao tipo de serviço; o consumo pode ser monitorizado, controlado, e reportado [12].

1.8 Benefícios do Cloud Computing

1. **Atingir economias de escala** - aumentar o volume de produção ou a produtividade com menos

pessoas. O custo por unidade, projecto ou produto desce a pique.

2. Reduzir as despesas com infra-estruturas tecnológicas - Manter o acesso fácil à informação com o mínimo de despesas iniciais. Pagar à medida que se vai (semanal, trimestral ou anual), com base na procura.

3. Globalizar a Força de Trabalho sobre os Baratos - As pessoas em todo o mundo podem aceder à nuvem, desde que tenham uma ligação à Internet.

4. Simplificar Processos - Fazer mais trabalho em menos tempo com menos pessoas.

5. Reduzir Custos de Capital - Não há necessidade de gastar muito dinheiro em hardware, software ou taxas de licenciamento.

6. Melhorar a Acessibilidade - Ter acesso a qualquer hora e em qualquer lugar, tornando a vida muito mais fácil.

7. Monitorizar projectos com mais eficácia - Manter-se dentro do orçamento e antes dos tempos de ciclo de conclusão.

8. É necessária menos formação de pessoal - É necessário menos pessoas para trabalhar mais numa nuvem, com uma curva de aprendizagem mínima em questões de hardware e software.

9. Minimizar o Licenciamento de Novos Software- Esticar e crescer sem a necessidade de comprar licenças ou programas de software caros.

10. Melhorar a Flexibilidade - Pode mudar de direcção sem questões "pessoais" ou "financeiras" sérias em jogo [13].

1.9 Emergência e Popularidade do Cloud Computing

A computação em nuvem surgiu como um paradigma popular de aquisição e fornecimento de infra-estruturas de computação, rede e armazenamento que promete, a pedido, elasticidade para aumentar e/ou aumentar a escala. Isto significa, essencialmente, o descarregamento de partes da sala do servidor da organização para centros de dados comerciais altamente automatizados. Para além do enorme desenvolvimento nas tecnologias de apoio como a virtualização e utilização, outra razão chave para a rápida aceitação é o apoio de vendedores respeitáveis como , Yahoo e Amazon, que são conhecidos por terem infra-estruturas fiáveis, que começaram a abrir os seus centros de dados para uso público. Em termos leigos, a computação em nuvem é um centro de dados altamente automatizado que tem acesso à Web a serviços informáticos, de armazenamento e de rede disponíveis a pedido sem qualquer necessidade de intervenção humana; e onde a utilização e o padrão de facturação são descritos como sendo de utilização apenas o que necessita e de pagamento apenas o que utiliza.

Os fundamentos dos conceitos-chave da computação nas nuvens seminning datam de 1966, quando Douglas Parkhill [14] escreveu o seu livro, The Challenge of the Computer Utility. Parkhill comparou as suas ideias sobre a computação em nuvem com a indústria da electricidade. Nicholas Carr comparou-o com a mudança revolucionária da utilização de motores a vapor para a energia eléctrica fornecida pelas grandes empresas eléctricas centrais [15].

Agora temos vindo a experimentar as mudanças no fornecimento e utilização de infra-estruturas informáticas com base nas ideias apresentadas há muitos anos atrás, mas as tecnologias subjacentes não estavam disponíveis. Enquanto a computação em nuvem ainda está na sua fase inicial de adopção e aparentemente sofre de vários tipos de desafios e ameaças.

O rápido desenvolvimento de tecnologias e sistemas de apoio é um bom presságio para o futuro deste modelo fenomenal de aquisição de infra-estruturas informáticas. Segundo Gartner's Cloud Computing atingiu o seu pico de expectativas, estando a caminho de um estado mais maduro, e com o tempo espera-se que atinja a estabilidade de que tanto necessita para um crescimento estável e constante da produtividade [8].

Depois de rever o Ciclo Hype do Gartner para o Cloud Computing de Julho de 2010, como mostra a Figura, é evidente que o Cloud Computing privado ainda não atingiu o pico de alta velocidade; pelo contrário, tinha um longo caminho a percorrer. Isto também foi confirmado pelo nosso estudo de entrevista realizado para identificar as necessidades e requisitos da construção de uma infra-estrutura privada de Cloud Computing num ambiente académico e científico. Houve também vários relatos nos meios de comunicação social comerciais de que a tecnologia privada das nuvens ainda não está suficientemente amadurecida.

Figura 1.9: Gartner (Agosto de 2010)[16]

Está a tornar-se cada vez mais óbvio que a curva de "hype" da nuvem privada será rapidamente encaminhada por várias razões. Uma das principais razões é os rigorosos requisitos legais da circulação e protecção de dados em muitos países europeus. É por isso que existem muitos países que caracterizam a computação pública em nuvem, cujas medidas de segurança e privacidade para a protecção de dados ainda não foram comprovadas. Muitas organizações, como por exemplo, afirmam que a única forma segura de utilizar a nebulosa computacional é implementar algum tipo de nuvem privada, a fim de ter a propriedade directa e a responsabilidade pela infra-estrutura física, estabilidade, segurança das TI e protecção da privacidade dos dados. Há também vários casos em que os departamentos públicos foram desencorajados ou impedidos de utilizar a infra-estrutura pública de computação em nuvem [8].

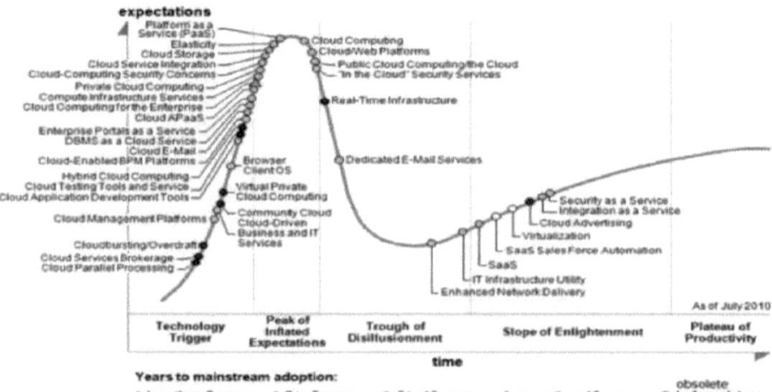

Figura 1.10: Gartner 2010 / Computerworld 10/2011 [17]

CAPÍTULO 2

TRABALHOS RELACIONADOS

2.1 Visão geral

Este trabalho de tese centra-se nas preocupações e tendências dos sectores de telecomunicações para a adopção da computação em nuvem em geral, e estudo de viabilidade para a implantação de aplicações de telecomunicações na indústria de telecomunicações do Bangladesh. Embora tenham sido realizados vários estudos e trabalhos de investigação sobre a nebulosa computacional para o sector das TI, tem sido realizado um trabalho de investigação limitado sobre a nebulosa computacional para as telecomunicações. Além disso, a maioria da investigação feita nesta área baseia-se na perspectiva da investigação industrial.

2.2 Pesquisas relacionadas

Num documento de conferência intitulado "Research on Telecom Service Deployment in Cloud Environment" de H. Xu et al. em 2010, foi proposto um método de descrição de recursos orientado para os serviços. A extensão do OVF (Open Virtualization Format) tem sido discutida pelos autores para resolver questões relacionadas com a migração e implantação de serviços de telecomunicações em ambiente de nuvem. [20] As características essenciais que a nuvem deve possuir, a fim de se tornar viável para as telecomunicações e aplicações em tempo real, são detalhadas num livro branco intitulado "Telecom Grade Cloud Computing" da SCOPE Alliance, c/o IEEE-ISTO. Centra-se em questões gerais que precisam de ser abordadas pela nuvem, por exemplo, localidade, inter-cloud, rede como recurso de primeira classe, e gestão de QoS. Aqui os autores também sugerem especificamente que a gestão de SLA, redes, segurança, e inter-cloud tem de estar na agenda da normalização da nuvem [21]. Num documento de workshop intitulado "Creating Next Generation Cloud Computing Operation Support Services by Social OSS: Contribution with Telecom NGN Experience" de M. Sato, é apresentado que o uso do Social Cloud OSS (Operation Support Services) para a gestão de NGN de telecomunicações através da rede de nuvens [22]. Num artigo intitulado "Service Storm: Uma Plataforma de Entrega de Serviços de Auto-Serviço de Telecomunicações com Tecnologia Platform-as-a-Service", por

Y. C. Zhou et al. discutiram um novo modelo de negócio para operadores de telecomunicações em ambiente de nuvem. Os autores introduziram a tempestade de serviços, uma plataforma de entrega de serviços de auto-atendimento de telecomunicações (SDP) para a implementação de serviços de valor acrescentado baseados em tecnologia de plataforma como serviço [23]. No documento intitulado "Tendências na indústria das telecomunicações e oportunidades para os prestadores de serviços", de M. Zuhdi et al. descreveram as tendências emergentes na indústria das telecomunicações. As características essenciais que a nuvem deve possuir, de modo a tornar-se viável para as telecomunicações e aplicações em tempo real, são detalhadas. O tema centra-se em questões gerais que precisam de ser abordadas pela nuvem, por exemplo, localidade, inter-cloud, redes como recurso de primeira classe, e gestão de QoS [24].vários modelos e tendências para a integração de aplicações intensivas de dados na indústria de telecomunicações à computação em nuvem são discutidos nos seguintes documentos intitulados "Cloud computing and services platform construction of telecom operators", por X. Lei et al. e "Grid and Cloud Computing": Oportunidades de integração com a Rede de Nova Geração", por T. Rings et al. [25] [26]. Ward et al. sobre o documento intitulado "Workload Migration into Clouds Challenges, Experiences, Opportunities", ilustrou a estrutura de Darwin para a migração de aplicações empresariais críticas para a nuvem, juntamente com oportunidades e lacunas identificadas no ambiente virtualizado para a migração de aplicações [27]. Alguns trabalhos de investigação são também realizados em serviços web móveis baseados em SaaS e modelo PaaS, como no artigo intitulado "An exploratory analysis of software as a service and platform as a service models for mobile operators", de V. Goncalves et al. Aqui os autores deste artigo analisaram a abordagem dos operadores móveis sobre serviços baseados em SaaS e PaaS e destacaram os consequentes benefícios e desafios [28].

2.3 Líder no fornecimento de nuvens do mundo

A computação em nuvem é um campo em crescimento, e é provável que haja novos intervenientes no mercado num futuro previsível. Por agora, vejamos os nomes já conhecidos na Cloud: Amazon, Google, Oracle e Microsoft.

2.3.1 Oracle

A Oracle Corporation é a maior empresa de software empresarial do mundo, oferecendo soluções em todos os níveis de negócio de uma empresa. Estas soluções estendem-se à computação em nuvem. As organizações procuram a Oracle para fornecer arquitecturas de soluções empresariais que se alinhem com as suas estratégias empresariais e princípios de arquitectura, ao mesmo tempo que se integram praticamente no seu ambiente informático actual e heterogéneo. A Oracle criou o OADP para fornecer aos nossos clientes e parceiros uma abordagem que foi construída com base nas várias décadas de conhecimento que a Oracle adquiriu ao trabalhar nestes desafios de implementação de soluções de TI empresariais em praticamente todos os cantos de cada grande indústria que necessita desta tecnologia. A Oracle aplicou esta metodologia com grande sucesso em numerosos clientes para construir nuvens, tanto privadas como públicas [29].

Figura 2.1: Processo de Desenvolvimento da Arquitectura Oracle [29]

2.3.2 Amazônia

A Amazon foi uma das primeiras empresas a oferecer serviços de nuvem ao público, e são muito sofisticadas. A Amazon oferece uma série de serviços em nuvem, incluindo -

Elastic Compute Cloud (EC2)- Oferece máquinas virtuais e ciclos de CPU extra para organização.

Serviço de Armazenamento Simples (S3)- Permite armazenar artigos até 5GB de tamanho no serviço de armazenamento virtual da Amazon.

Serviço de Fila Simples (SQS)- Permite que as máquinas falem umas com as outras usando este API de messagepassing.

SimpleDB- Um serviço web para executar consultas sobre dados estruturados em tempo real. Este serviço funciona em conjunto com o Amazon Simple Storage Service (Amazon S3) e Amazon Elastic Compute Cloud (Amazon EC2), fornecendo colectivamente a capacidade de armazenar, processar, e consultar conjuntos de dados na nuvem.

Estes serviços podem ser difíceis de utilizar, porque têm de ser feitos através da linha de comando. Dito isto, se estiver habituado a trabalhar num ambiente de linha de comando, não deverá ter muitos problemas em utilizar os serviços. As máquinas virtuais da Amazon são versões de distribuições Linux, pelo que aqueles que têm experiência com Linux estarão em casa. De facto, as aplicações podem ser escritas na própria máquina e depois carregadas para a nuvem. A Amazon é o serviço de nuvem mais extenso até à data.

2.3.3 Google

Em forte contraste com as ofertas da Amazon está o Motor App do Google. Na Amazon podem-se obter privilégios de raiz, mas no App Engine, não se pode escrever um ficheiro no próprio directório. O Google retirou o recurso de escrita de ficheiros do Python como medida de segurança, e para armazenar dados deve utilizar a base de dados do Google. O Google oferece documentos e folhas de cálculo online, e encoraja os programadores a construir funcionalidades para esses e outros softwares online, utilizando o seu Google App Engine. O Google reduziu as aplicações web a um conjunto central de funcionalidades, e construiu uma boa estrutura para a sua entrega. O Google também oferece úteis funcionalidades de depuração. Grupos e indivíduos irão provavelmente tirar o máximo partido do App Engine, escrevendo uma camada de Python que fica entre o utilizador e a base de dados. Procure o Google para adicionar mais funcionalidades para adicionar serviços de processamento de fundo.

2.3.4 Microsoft

A solução de computação em nuvem da Microsoft chama-se Windows Azure, um sistema operativo que permite às organizações executar aplicações Windows e armazenar ficheiros e dados utilizando os datacenters da Microsoft. Oferece também a sua Plataforma de Serviços Azure, que são serviços que permitem aos programadores estabelecer identidades de utilizador, gerir fluxos de trabalho, sincronizar dados, e executar outras funções à medida que constroem programas de software na plataforma informática online da Microsoft. Os componentes chave da Plataforma de Serviços Azure incluem -

Windows Azure- fornece alojamento e gestão de serviços e armazenamento, computação e rede de baixo nível escalável.

Microsoft SQL Services- fornece serviços de base de dados e relatórios.

Microsoft .NET Services- Fornece implementações baseadas em serviços de conceitos de .NET

Framework, tais como fluxo de trabalho.

Live Services- utilizado para partilhar, armazenar e sincronizar documentos, fotografias e ficheiros através de

PCs, telefones, aplicações para PC, e sítios web.

Serviços **Microsoft SharePoint-** e Microsoft Dynamics CRM Services Utilização para conteúdo empresarial, colaboração e desenvolvimento de soluções na nuvem.

2.3.5 Fornecedores de nuvens

Embora tenhamos falado de alguns dos grandes nomes da computação em nuvem, eles não são os únicos. Nem por sombras. A tabela seguinte lista alguns outros vendedores de nuvens. A lista não é exaustiva, e há mais dúzias por aí; isto é apenas um pequeno olhar sobre o resto do iceberg [6].

Name	URL	Description
3PAR	www.3par.com	Offers adaptive provisioning for organizations needing dynamic resources.
3Tera	www.3tera.com	Allows for the provisioning and deployment of "scalable clustered applications in minutes from anywhere in the world."
10Gen Agathon Group	www.agathongroup.com	Offers nonprofits and charitable groups the ability to scale on demand.
Amazon	www.amazon.com	Amazon introduced Elastic Compute Cloud (EC2) by saying, "to enable you to increase or decrease capacity within minutes, not hours or days." They also brought the topic to the forefront of public awareness.
Apache Hadoop Core	Hadoop.apache.org	Apache Hadoop Core is a software platform that makes it easy to write and run applications that process vast amounts of data.
Appirio	www.appirio.com	Offers services and products to help accelerate the adoption of on-demand solutions.
Appistry	www.appistry.com	Offers a grid-based application platform that makes it easy to scale out CPU- and data-intensive applications across a virtualized grid.
Apprenda	www.apprenda.com	Offers an operating system for building and deploying SaaS applications and a platform for conducting SaaS business.
Aptana	www.aptana.com/cloud	Aptana bills its cloud as follows: "[It] is architected to complement cloud infrastructure providers like Amazon, Google, Joyent, and others."
Arjuna	www.arjuna.com	Arjuna describes its Agility service as an "on-ramp to the cloud [that] allows the IT department to begin to experiment with cloud computing in a gradual, incremental way, without any need for disruption to existing service."

Figura 2.2: Vendedores de nuvens[6]

2.4 Aplicação Web

Uma aplicação web é uma aplicação que é acedida através de uma rede, como a Internet ou uma intranet. O termo pode também significar uma aplicação de software de computador que é codificada numa linguagem suportada por um browser (como o JavaScript, combinado com uma linguagem de marcação renderizada por um browser como o HTML) e dependente de um browser comum para tornar a aplicação executável. As aplicações web são populares devido à ubiquidade dos navegadores web, e à conveniência de utilizar um navegador web como cliente, por vezes chamado de cliente fino. A capacidade de actualizar e manter aplicações web sem distribuir e instalar software em potencialmente milhares de computadores clientes é uma razão chave para a sua popularidade, tal como o apoio inerente à compatibilidade entre plataformas. As aplicações web comuns incluem webmail, vendas a retalho em linha, leilões em linha, wikis e muitas outras funções. As aplicações web são aplicações cliente-servidor distribuídas nas quais um navegador web fornece a interface do utilizador, o navegador do cliente e o lado do servidor trocam mensagens de protocolo representadas como pedidos e respostas HTTP [30].

2.5 Aplicação em nuvem

Uma aplicação de nuvem é a arquitectura de software que a nuvem utiliza para eliminar a necessidade de instalar e executar no computador cliente. Há muitas aplicações que podem ser executadas, mas é necessário que haja uma forma padrão de ligação entre o cliente e a nuvem. As aplicações de nuvem são uma espécie de híbrido entre as aplicações desktop tradicionais e as aplicações web tradicionais. Oferecem os benefícios de ambos os tipos de software sem muitos dos inconvenientes. Tal como as aplicações de desktop, as aplicações de nuvem podem oferecer uma experiência rica para o utilizador, resposta imediata às acções do utilizador, e modo offline. Tal como as aplicações web, as aplicações de nuvem não precisam de ser instaladas num computador e podem ser actualizadas a qualquer momento simplesmente carregando uma nova versão para o servidor web. Também armazenam os seus dados na nuvem - fora do local sob o controlo [31].

2.5.1 Diferença entre Aplicações Baseadas na Nuvem e Aplicações Baseadas na Web

A aplicação Web é apenas uma pequena parte da computação em nuvem. Qualquer aplicação (que pode correr no PC ou portátil doméstico) que processe em servidor como o Google earth ou, para esse efeito, qualquer site orientado para GUI que corre no browser é uma aplicação Web. Agora, por outro lado, a Cloud computing é um recurso informático que fornece o tipo de computação utilitária. Pode-se comprar ou obter software, plataforma ou mesmo processamento a partir da nuvem. Pode-se pedir recursos da aplicação Web, na parte de trás, o trabalho será feito por uma colecção maciça de servidores e computadores (que é nuvem) As aplicações baseadas na Web são agora um subconjunto de aplicações baseadas na Nuvem. Neste caso, o Facebook pode ser tomado como um parâmetro a descrever. A Wikipedia define hoje uma aplicação Web como esta: *Na engenharia de software, uma aplicação Web é uma aplicação que é acedida através de um navegador Web através de uma rede como a Internet ou uma intranet* [30].

2.5.2 Porquê Migrar Aplicações e Serviços para a Nuvem?

A computação em nuvem está a receber uma cobertura massiva da imprensa, gerando uma série interminável de conferências, aumentando a mentalidade de gestão de TI e recursos substanciais de desenvolvimento de software porque permite às pequenas, médias e grandes empresas -

Para obter novos produtos ou serviços - Para comercializar mais rapidamente, minimizando o tempo de implementação de activos fixos de TI, tais como servidores, switches, e routers, e eliminando o investimento de capital incremental relacionado com estes activos.

Conduzir testes de mercado rapidamente e constrangimentos - Perdas por falha rápida se o mercado, produto, ou serviço não corresponder às expectativas.

Adiar a planificação a longo prazo - Até serem conhecidos os resultados dos testes iniciais de mercado.

Substituir despesas de capital - por capacidade desnecessária para acomodar picos de utilização periódicos, tais como os que ocorrem após o anúncio de descontos sazonais ou uma nova versão de software, por pagamentos mensais baseados na utilização. Se os testes iniciais de mercado forem bem sucedidos, servir aplicações ou serviços de software a partir da nuvem permite às unidades de negócio implementar novos produtos rapidamente e escalar aplicações ou serviços quase instantaneamente para satisfazer as exigências dos clientes. Para a gestão de topo, a chave para adoptar a computação na nuvem é a sua capacidade de negociar investimento de capital informático para despesas operacionais baseadas no uso [32].

2.6 Desenvolvimento da aplicação Cloud

As hipóteses são boas de que a aplicação necessária para trabalhar na nuvem já tenha sido criada; é apenas uma questão de encontrar e subscrever. Mas se não consegue encontrar as aplicações que procura, pode fazer a sua própria, e não estaria sozinho no empreendimento. Um inquérito de 2009 da Evans Data mostra que 40 por cento dos programadores inquiridos que trabalham em projectos de código aberto planeiam entregar as suas aplicações como ofertas de serviços web utilizando fornecedores de nuvens.

2.6.1 Ferramentas para o Desenvolvimento

Existem algumas ferramentas para o desenvolvimento da aplicação de nuvens. Uma breve ideia das mesmas é dada abaixo,

Motor Google App

Se alguém quiser ter uma aplicação na nuvem, o Google App Engine é a ferramenta perfeita a utilizar para tornar este sonho realidade. Em essência, é preciso escrever um pouco de código em Python, afinar algum código HTML. O melhor de tudo, alguém não tem de se preocupar em comprar servidores, equilibradores de carga, ou tabelas DNS - o Google trata de todo o trabalho pesado para isso. Há uma série de pontos que precisam de ser considerados quando se escreve uma aplicação para a nuvem. Ter conhecimentos de Python certamente ajuda, mas não é um quebra de contrato, porque Python é muito parecido com outras linguagens de scripting. Um programador experiente deve ser capaz de o apanhar com alguma facilidade, e existem certamente muitos recursos - quer livros em papel e cola, quer sítios da web - que podem ajudar. O Java é muito prevalecente na nuvem. É uma ferramenta de script muito robusta e que os programadores conhecem bem. Mas a sua complexidade está provavelmente a prejudicá-lo mais do que a ajudar.

Em média, o alojamento de aplicações Java começa em cerca de 10 dólares por mês, enquanto os serviços Python começam em cerca de 2 dólares por mês. Outras vantagens Python incluem a natureza de código aberto de Python e o facto de o criador da linguagem - Guido van Rossum - trabalhar no Google. O Google conseguiu afinar ligeiramente a linguagem para que operações perigosas não sejam permitidas, como escrever para o sistema de ficheiros. Isto impede o carregamento de serviços robustos e a criação de sub-tarefas. Uma aplicação tem de ser bastante eficiente, porque o App Engine matará qualquer thread que demore demasiado tempo a correr. A App Engine é semelhante a um armazém de dados. Não vai fazer as coisas complexas que a Oracle vai permitir. A base de dados está bem integrada com Python, mas apenas permite funções básicas de pesquisa e armazenamento que precisaria para esconder a informação dos utilizadores. Os objectos de dados são configurados em Python, e depois utiliza o método de guardar e todos os dados desaparecem na nuvem onde instâncias da aplicação os podem encontrar. Python parece-se muito com SQL, mas com uma sintaxe diferente. Isso significa que não pode utilizar nenhuma das milhões de ferramentas SQL já programadas para gerar relatórios ou produzir gráficos. Além disso, o App Engine não armazena junções, o que quebrará parte do código escrito para bases de dados tradicionais. O Google App Engine não é perfeito. A documentação menciona serviços web e JavaScript assíncrono e XML (AJAX), mas não há muito suporte para eles [6].

Google Gears

Outra ferramenta de desenvolvimento que a Google oferece é o Google Gears, uma tecnologia de código aberto para a criação de aplicações web offline. Esta extensão do navegador foi disponibilizada nas suas fases iniciais para que a comunidade de desenvolvimento pudesse testar as suas capacidades e limitações e ajudar a Google a melhorá-la. A esperança a longo prazo da Google é que o Google Gears possa ajudar a indústria como um todo a avançar para um único padrão de capacidades off-line que todos os programadores possam utilizar. O Google Gears aborda uma grande preocupação dos utilizadores: disponibilidade de dados e aplicações quando não há uma ligação à Internet disponível, ou quando uma ligação é lenta ou não fiável. Como programadores e utilizadores de aplicações querem fazer mais na Web - quer se trate de correio electrónico ou CRM ou de edição de fotos - as melhorias que tornam o próprio ambiente do navegador mais poderoso são cada vez mais importantes.

"Com o Google Gears estamos a enfrentar uma limitação chave do navegador a fim de torná-lo uma plataforma mais forte para a implantação de todos os tipos de aplicações e permitir uma melhor experiência do utilizador na nuvem", disse Eric Schmidt, CEO da Google. "Acreditamos firmemente no poder da comunidade para esticar esta nova tecnologia até aos limites do que é possível e, em última análise, emergir com um padrão aberto que beneficie todos".

O Google oferece o Google Gears como uma tecnologia gratuita, totalmente de código aberto, a fim de ajudar todas as aplicações web, e não apenas as aplicações Google.

O Google Gears baseia-se no modelo de programação existente na Web, introduzindo novas APIs JavaScript para armazenamento de dados sofisticados, caching de aplicações, e funcionalidades multithreading. Com estas APIs, os programadores podem trazer capacidades offline até às suas aplicações web mais complexas. O Google Gears funciona com todos os principais navegadores em todas as principais plataformas: Windows, Mac, e Linux [6].

Figura 2.3: Google Gear [6]

Plataforma de Serviços Azure da Microsoft

A Plataforma de Serviços Azure da Microsoft é uma ferramenta fornecida para programadores que queiram escrever aplicações que vão ser executadas parcial ou totalmente num datacenter remoto. A Plataforma de Serviços Azure (Azure) é uma plataforma de serviços em nuvem à escala da Internet alojada em centros de dados da Microsoft, que fornece um sistema operativo e um conjunto de serviços de desenvolvimento que podem ser utilizados individualmente ou em conjunto. O Azure pode ser utilizado para construir novas aplicações a partir da nuvem ou para melhorar aplicações existentes com capacidades baseadas na nuvem, e constitui a base de todas as ofertas de nuvem da Microsoft. A sua arquitectura aberta dá aos programadores a escolha de construir aplicações web, aplicações que funcionam em dispositivos ligados, PCs, servidores, ou soluções híbridas que oferecem o melhor das soluções online e on-premises. Algumas das aplicações disponíveis na nuvem Azure são mostradas na figura. O Azure permite aos programadores criar rapidamente aplicações a correr na nuvem, utilizando as suas competências existentes.

Figura 2.4: Nesta aplicação Google Gears, algumas frases pesquisadas são mantidas na máquina local[6].

A gestão de infra-estruturas é automatizada com uma plataforma concebida para alta disponibilidade e escalas dinâmicas para corresponder às necessidades de utilização com a opção de um modelo de preços pré-pagos. Azure fornece um ambiente aberto, baseado em padrões, e interoperável com suporte para múltiplos protocolos de Internet, incluindo HTTP, REST, SOAP, e XML. A Microsoft também oferece aplicações em nuvem prontas para consumo por clientes como o Windows Live, Microsoft Dynamics, e outros Serviços Microsoft Online para negócios como o Microsoft Exchange Online e SharePoint Online. A Plataforma de Serviços Azure permite aos programadores fornecerem as suas próprias ofertas únicas aos clientes, oferecendo os componentes fundamentais de computação, armazenamento, e serviços de blocos de construção a autores e compositores de aplicações na nuvem. O Azure utiliza vários outros serviços Microsoft como parte da sua plataforma, conhecida como a plataforma Live Mesh [6].

Figura 2.5: O Microsoft's Azure oferece uma série de aplicações que podem ser utilizadas de imediato[6].

Serviços em directo

Live Services é um conjunto de blocos de construção dentro da Plataforma de Serviços Azure que é utilizado para lidar com dados de utilizadores e recursos de aplicações. Live Services fornece aos programadores uma forma de construir aplicações e experiências sociais através de uma gama de dispositivos digitais que se podem ligar a um dos maiores públicos na Web.

Figura 2.6: Serviços em directo [6]

Serviços Microsoft SQL

Microsoft SQL Services melhora as capacidades do Microsoft SQL Server na nuvem como uma base de dados relacional distribuída e baseada na web. Fornece serviços web que permitem consultas relacionais, pesquisa, e sincronização de dados com utilizadores móveis, escritórios remotos, e parceiros comerciais. Pode armazenar e recuperar dados estruturados, semi-estruturados, e não estruturados [6].

Serviços Microsoft .NET

Microsoft .NET Services é uma ferramenta para o desenvolvimento de aplicações baseadas em nuvens de acoplamento livre. Os Serviços .NET incluem controlo de acesso para ajudar a proteger aplicações, um autocarro de serviços para a comunicação entre aplicações e serviços, e execução de fluxo de trabalho hospedado. Estes serviços alojados permitem a criação de aplicações que se estendem desde ambientes locais até à nuvem [6].

Serviços Microsoft SharePoint e Dynamics CRM Services

Os Serviços Microsoft SharePoint e Dynamics CRM Services são utilizados para permitir aos programadores colaborar e construir fortes relações com os clientes. Utilizando ferramentas como Visual Studio, os programadores podem construir aplicações que utilizam as capacidades do SharePoint e do CRM [6].

2.6.2 Desenho

O Azure é concebido em várias camadas, com coisas diferentes a acontecerem debaixo do capô:

Camada Zero

Layer Zero é o Serviço Fundacional Global da Microsoft. O GFS é semelhante à camada de abstracção de hardware (HAL) no Windows. É o nível mais básico do software que faz interface directa com os servidores.

Camada Um

A camada um é o sistema operativo básico Azure. Costumava ser codinome "Red Dog", e foi concebido por uma equipa de peritos em sistemas operativos da Microsoft. Red Dog é a tecnologia que liga em rede e gere as máquinas Windows Server 2008 que formam a nuvem hospedada pela Microsoft. O Red Dog é composto por quatro pilares:

Armazenamento - um sistema de arquivo.

O Controlador de Tecido - que é um sistema de gestão para a implantação e aprovisionamento Computação Virtualizada/VM.

Ambiente de Desenvolvimento - que permite aos programadores emular o Red Dog nos seus computadores de secretária Red Dog é concebido pela Microsoft de tal forma que só tem de ser implantado numa única máquina, e depois várias instâncias do mesmo podem ser duplicadas para o resto das máquinas na nuvem.

Camada Dois

A Camada Dois fornece os blocos de construção que funcionam no Azure. Estes serviços são a supracitada plataforma Live Mesh. Os desenvolvedores constroem em cima destes serviços de nível inferior quando constroem aplicações de nuvens. Os Serviços SharePoint e os Serviços CRM não são os mesmos que o SharePoint Online e o CRM Online. São apenas o básico da plataforma que não inclui elementos de interface do utilizador.

Camada Três

Na camada três existem as aplicações hospedadas pelo Azure, algumas das aplicações desenvolvidas pela Microsoft incluem SharePoint Online, Exchange Online, Dynamics CRM, e Online. Terceiros irão criar outras aplicações. Existem outras ferramentas para o desenvolvimento da computação em nuvem. Mas elas não são tão populares como o Google App Engine ou o Microsoft Azure [6].

2.6.3 Nuvem de Ferro Fundido

A Cast Iron Systems introduziu a sua plataforma de desenvolvimento, a Cast Iron Cloud. A Cast Iron oferece a escolha de um serviço de integração completamente baseado na nuvem ou um aparelho de integração no local à medida que o ecossistema de aplicação de uma organização evolui. Qualquer organização, independentemente do tamanho ou recursos, pode ligar soluções SaaS com outras aplicações on-demand e on-premise, aumentando imediatamente a produtividade. *As aplicações SaaS produtivas não funcionam no vácuo*, disse Ken Come, CEO e presidente da Cast Iron Systems. *As empresas devem ser capazes de integrar eficazmente as soluções SaaS com outros sistemas empresariais para orquestrar eficazmente processos de negócios interfuncionais. Ao fornecer a nossa solução de integração na Nuvem de Ferro Fundido, ou através dos nossos aparelhos no local, podemos proporcionar às organizações uma transição sem falhas e segura entre os ambientes on-demand e on-premise.* À medida que a utilização de SaaS se expande dos silos departamentais para a empresa alargada, a integração de dados e aplicações é ainda mais crítica para a produtividade e o sucesso. A Cast Iron e os seus parceiros podem fornecer a solução mais amplamente utilizada para ligar SaaS e aplicações empresariais através da simplicidade e rapidez da Integração como Serviço (IaaS). A Cast Iron Cloud alavanca a entrega de projectos de integração concluídos pela empresa rapidamente e também elimina a necessidade de os clientes investirem em infra-estruturas de integração ou em conhecimentos profundos de middleware. Ao oferecer a sua solução de integração SaaS na nuvem e no local, a Cast Iron está a antecipar estas diversas necessidades de integração de aplicações ponta-a-ponta, incluindo limpeza e migração de dados, e integração de aplicações ao oferecer ligações inteligentes, transformações de dados, fluxo de trabalho de processo, monitorização e gestão, além de garantia de entrega de todos os dados.

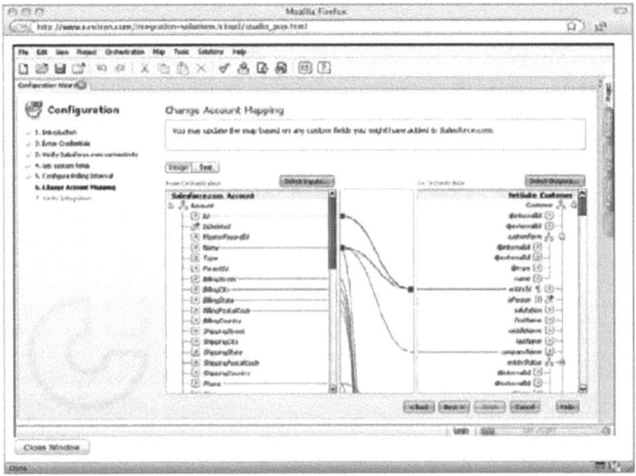

Figura 2.7: Nuvem de Ferro Fundido [6]

O Ferro Fundido está a transformar a experiência de integração utilizando a Nuvem de Ferro Fundido. A empresa está a introduzir uma biblioteca de processos de integração de modelos (TIPs) préconfigurados para os processos de negócio SaaS mais comuns. A Cast Iron criou estes templates com base na sua experiência com milhares de integrações de clientes. Por exemplo, se os clientes precisarem de integrar duas aplicações SaaS, basta-lhes procurar na biblioteca de DICs baseada na nuvem da Cast Iron, escolher a DIC que corresponde ao seu cenário, e implementá-la na Cast Iron Cloud. Em minutos, o seu projecto de integração SaaS entra em funcionamento em vez de demorar semanas ou mesmo meses a desenvolver, utilizando código personalizado. Além disso, as integrações SaaS podem ser monitorizadas a partir de qualquer lugar e a qualquer momento, utilizando a Nuvem de Ferro Fundido. Para empresas que desejam personalizar as DICs com base nos seus requisitos específicos, a Cast Iron está a fornecer um assistente auto-guiado semelhante à simples experiência baseada em produtos populares como a Intuit TurboTax. Os utilizadores respondem a algumas perguntas com base na situação específica, e o processo de integração é automaticamente personalizado para acelerar a integração SaaS e adoptar [6].

CAPÍTULO 3
PROBLEMA DOMÍNIO

3.1 Visão geral

A introdução de nova tecnologia não é novidade para a indústria das TI. No entanto, hoje em dia, tem tomado as empresas de assalto e, por conseguinte, só há um nome em mente para cada uma delas e a única solução que cada empresa encontra para o seu problema de TI é a computação em nuvem. A computação em nuvem é outro nome de eficiência e crescimento, uma vez que serve todo o propósito organizacional e continua a ser útil para todos os empregados, bem como para os seus patrões. Os problemas comuns de TI que cada indústria ou escritório enfrenta são problemas de armazenamento, problemas de poder de processamento e problemas de conectividade. A computação em nuvem fará tudo isto e aumentará a eficiência do trabalho sem utilizar qualquer ferramenta visível. Qualquer pessoa pode simplesmente comprar estes serviços e resolver esses problemas em minutos. Este capítulo discutirá todas estas perspectivas de uma forma geral, dando ideias de âmbito e optimização das indústrias de TI, bem como de todos os outros processos respectivos.

3.2 O âmbito crescente do Cloud Computing na indústria das TI

Os profissionais e gestores de TI estão constantemente à procura das melhores soluções para melhorar a funcionalidade do seu negócio e geri-lo eficientemente. A Cloud Computing foi recentemente introduzida no mercado, o que proporcionou grandes benefícios aos profissionais de TI, ajudando-os a melhorar a qualidade do seu negócio. A questão que se coloca aqui é *O que é exactamente o Cloud Computing?* Como pode beneficiar as grandes e médias empresas? Estas duas questões atingem muitas vezes a mente dos profissionais. Este artigo vai ajudar a compreender tudo sobre o Cloud Computing e como vários meios de comunicação e grandes empresas podem beneficiar dele. O Cloud Computing é basicamente um serviço alojado através da Internet. Este é um tipo de computação que depende da partilha de recursos informáticos em vez de contratar servidores ou aplicações locais. Também ajuda na manutenção de dados e aplicações através da utilização da Internet e de servidores de controlo remoto. Esta é uma das técnicas mais importantes que é altamente exigida pelas empresas profissionais de TI. A computação em nuvem permite às empresas utilizar os programas e aplicações que não necessitam de ser instalados e pode-se aceder aos ficheiros pessoais a partir de qualquer computador com acesso à Internet. Além disso, não é necessário qualquer disco rígido e outros dispositivos para armazenar dados e outras aplicações, uma vez que estes serão armazenados dentro da nuvem.

3.3   Atingir a Nuvem através da Optimização de TI

Em muitos casos, as organizações passarão por um processo de Optimização de TI para facilitar esta mudança. De acordo com o modelo de Maturidade da Arquitectura MIT Sloan, as organizações irão progredir de Silos de TI onde existe pouca padronização tecnológica e integrações potencialmente complexas entre sistemas autónomos, para a fase de Tecnologia Padronizada onde existem padrões e as empresas começam a deslocar os gastos em TI de aplicações locais para um modelo de infra-estrutura partilhada, para a fase de Núcleo de TI Optimizado onde os processos são digitalizados e as empresas passam de uma visão local dos dados e aplicações para uma visão mais empresarial, e finalmente para a fase de Modularidade Empresarial onde os processos digitalizados postos em prática na fase anterior são expostos como serviços aos clientes de TI. Vistas de uma perspectiva de nuvem, estas fases alinham-se com a transformação das TI que a organização irá levar a cabo no roteiro para os serviços de nuvem. Como exemplo, a base de dados como serviço começa com aplicações locais que utilizam o seu próprio software e hardware de base de dados para fornecer funcionalidade empresarial. Com o tempo, isto inevitavelmente leva à expansão do servidor e ao aumento dos custos de suporte para hardware e pessoal para gerir a tecnologia e software de base de dados associado. A organização avançará então para padrões de hardware e de software de base de dados. Isto envolverá um esforço de racionalização da carteira para migrar as aplicações actualmente a funcionar com hardware e software não normalizado para a nova infra-estrutura normalizada [29].

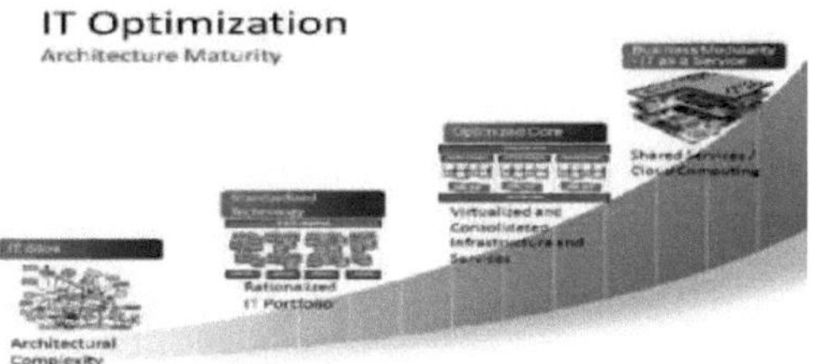

Figura 3.1: Arquitectura Optimização de TI (MIT Sloan) [29]

3.4   Questões de Investigação

Nesta secção, são descritas algumas das questões de investigação em Cloud Environment.

3.4.1 Questões de design

As questões envolvidas na concepção da computação em nuvem são descritas como se segue:

Gestão de Energia - Melhorar a eficiência energética é uma questão importante na computação em nuvem. Estima-se que o custo da alimentação e refrigeração representa 53% do total das despesas operacionais dos centros de dados. Os fornecedores de infra-estruturas devem reduzir o consumo de energia sob enorme pressão. Investigação actual sobre protocolos e infra-estruturas de rede eficientes do ponto de vista energético. Conseguir um bom compromisso entre a poupança de energia e o desempenho das aplicações é um desafio fundamental. Alguns dos investigadores trabalharam recentemente nas soluções para o desempenho e gestão de energia num ambiente de nuvem dinâmica.

Software Frameworks- Cloud computing fornece uma plataforma persuasiva para o alojamento de aplicações com grande intensidade de dados. Neste, o Hadoop para o processamento de dados escalável e tolerante a falhas, utilizando aplicações que utilizam o conceito MapReduce frameworks. Os desafios de concepção incluem a modelação de desempenho dos trabalhos Hadoop em todos os casos possíveis, e condições dinâmicas na programação adaptativa. Alguns investigadores ainda estão a trabalhar num compromisso entre o desempenho e a consciência energética.

Novel Cloud Architectures- Grandes centros de dados e operados de forma centralizada são implementados como nuvens comerciais. Nesta concepção atinge-se uma elevada capacidade de gestão e economia em escala. Mas existem algumas limitações na construção de grandes centros de dados, tais como um elevado investimento inicial e elevados custos energéticos. Alguns investigadores sugerem que centros de dados de pequenas dimensões podem ser mais vantajosos do que grandes centros de dados em muitos casos: um centro de dados pequeno consome menos energia. Por isso, não requer um sistema de refrigeração potente e altamente dispendioso.

Licenciamento de software - As licenças de software comercial existentes controlam geralmente em que computador o software pode ser executado. Os utilizadores podem pagar uma taxa de manutenção anual e inicialmente o pagamento do software. Para aplicações de computação em nuvem, esta abordagem de licenciamento comercial existente para o software não é boa e muitos fornecedores de computação em nuvem estão a contar com software de código aberto. A principal solução para as empresas de software comercial é adaptar melhor o Cloud Computing, alterando a sua estrutura de licenciamento. O desafio é que as empresas de software vendam produtos para a nebulosa computacional através de serviços de apoio à venda.

Incompreensão do cliente - Provavelmente não estamos na época em que as pessoas pensavam que as nuvens eram apenas grandes grupos de servidores, mas isso não significa que estejamos livres de ignorantes. Estamos cientes do facto de que a nuvem está a avançar. Há muitos mal-entendidos sobre como as nuvens privadas e públicas funcionam em conjunto, como a virtualização e a computação em nuvem se sobrepõem e também como passar de um tipo de infra-estrutura para outro e assim por diante. Uma boa maneira de as esclarecer é apresentar aos utilizadores/clientes exemplos em tempo real do que é possível e porquê [33].

3.4.2 Questões de desempenho

As seguintes questões de desempenho têm de ser consideradas em ambiente de nuvens:

Migração de Máquinas Virtuais - A migração de Máquinas Virtuais proporciona grandes benefícios na computação em nuvem através do equilíbrio de carga entre centros de dados. Também proporciona uma resposta robusta e elevada nos centros de dados. Evitar hotspots é o maior benefício da migração de VM, embora não seja directo. Iniciar uma migração carece da facilidade de responder a alterações inesperadas da carga de trabalho e de detectar hotspots de carga de trabalho.

Consolidação de Servidores - Num ambiente de computação em nuvem, a consolidação de servidores é uma abordagem eficiente que consiste em minimizar o consumo de energia para fazer o melhor uso dos recursos. A consolidação de servidores não depende do desempenho da aplicação. É conhecida como a utilização de recursos significa que as VMs individuais podem variar de tempos a tempos.

Desempenho Imprevisibilidade - Partilhar E/S é complexo na computação em nuvem, enquanto várias máquinas virtuais podem partilhar facilmente CPU e memória principal. A virtualização de interrupções e canais de E/S é uma solução para melhorar a eficiência do sistema operativo e melhorar a arquitectura.

Armazenamento escalável - As propriedades importantes da computação em nuvem são: capacidade infinita a pedido, sem custos iniciais, utilização a curto prazo. Este é um problema de investigação aberto.

Bugs em Sistemas Distribuídos em Grande Escala - Outro desafio na computação em nuvem é a eliminação de erros nestes sistemas distribuídos em grande escala. A depuração destes bugs tem de ser feita em larga escala nos centros de dados de produção, uma vez que estes bugs não podem ser reproduzidos em configurações menores.

Escalonamento Rápido - Pay-as-you-go aplica-se certamente à largura de banda da rede e ao armazenamento com base na contagem de bytes utilizados. Dependendo do nível de virtualização, o cálculo é ligeiramente diferente. Os fornecedores de computação em nuvem já recebem uma baixa sobrecarga e uma cuidadosa contabilização do consumo de recursos. Ao impor-se a prestar atenção para incentivar os programadores no conceito de eficiência, os custos por hora e por byte, as ineficiências de desenvolvimento, e permite uma medição mais directa da eficiência operacional.

Latência- Latência é uma questão de investigação na Internet. Qualquer desempenho na nuvem tem o mesmo significado do desempenho do resultado no cliente. A latência numa nuvem introduz-se para não ser enfadonha. A latência é comprimida de volta para se compreender como e onde estão a funcionar, tanto com aplicações escritas de forma inteligente como com uma infra-estrutura planeada de forma inteligente. No futuro, a capacidade de computação na nuvem e as aplicações baseadas na nuvem estão a aumentar rapidamente e a latência também está a aumentar. A latência da computação em nuvem deve ser melhorada no PC de secretária é o maior estrangulamento na memória e armazenamento [33].

3.4.3   Questões de Segurança

As seguintes questões de segurança têm de ser abordadas na computação em nuvem:

Disponibilidade de Serviço - A maioria das organizações tem algumas precauções em relação à computação em nuvem nos serviços de computação em nuvem. Nesta perspectiva, todos os produtos SaaS disponíveis têm um padrão elevado. Os utilizadores esperam uma acessibilidade elevada das instalações na nuvem; é muito atractivo para os grandes clientes com oportunidade de continuidade de negócios para transferir para a Cloud Computing em situações críticas. É possível aceitar que diferentes empresas forneçam pilhas de software independentes para elas, mas é muito difícil para uma única organização justificar manter e criar mais do que uma pilha em nome da fiabilidade do software. Um dos problemas mais disponíveis são os ataques de Distributed Denial of Service (DDoS). Estes ataques são deslocados pela computação em nuvem para o fornecedor de Utility Computing a partir do fornecedor de SaaS. Neste, que pode absorvê-lo mais voluntariamente e também mantém a protecção do DDOS nesta competência.

Segurança dos dados - A segurança dos dados é outro tópico de investigação importante na computação em nuvem. Uma vez que os prestadores de serviços não têm permissão de acesso ao sistema de segurança física dos centros de dados. Mas devem depender do fornecedor da infra-estrutura para obterem total segurança dos dados. Num ambiente de nuvem privada virtual, o prestador de serviços só pode especificar a configuração de segurança remotamente, e não sabemos exactamente quais são totalmente implementadas. Para a segurança dos dados, o fornecedor da infra-estrutura deve alcançar os objectivos, como confidencialidade, capacidade de auditoria, quer a configuração de segurança das aplicações tenha sido adulterada ou não. A certificação remota requer tipicamente um módulo de plataforma (TPM) de confiança para gerar um resumo de sistema não falsificável como prova de segurança do sistema [33].

3.5   Desafios de trabalho

Alguns dos desafios da investigação em computação em nuvem são discutidos nesta secção.

3.5.1   Elasticidade, Escalabilidade e Fiabilidade

Embora o modelo e a infra-estrutura para a forma como os serviços de TI são prestados e consumidos possam ter mudado com a computação em nuvem, ainda é crítico que estas novas soluções suportem as mesmas características que sempre foram importantes. Quer a nuvem sirva de banco de ensaio para os criadores de protótipos de novos serviços e aplicações ou esteja a executar a última versão de uma aplicação de jogos sociais quentes, os utilizadores esperam que ela esteja a funcionar a cada minuto de cada dia. Pensando tanto na disponibilidade como na fiabilidade, a nuvem precisa de poder continuar a funcionar enquanto os dados permanecem intactos no datacenter virtual, independentemente de uma falha num ou mais componentes [33].

3.5.2   Interoperabilidade e Portabilidade

A interoperabilidade e a portabilidade devem ser consideradas frontalmente como parte da gestão de risco e da garantia de segurança de qualquer programa de nuvem. Os grandes fornecedores de nuvens podem oferecer redundância geográfica na nuvem, permitindo esperançosamente uma alta disponibilidade com um único fornecedor. No entanto, é aconselhável fazer um planeamento básico da continuidade do negócio, para ajudar a minimizar o impacto de um pior cenário. Os seguintes desafios têm de ser enfrentados para a interoperabilidade e portabilidade:

Portabilidade dos dados

- Mover dados ou aplicações através de múltiplos ambientes de nuvens a baixo custo e com o mínimo de perturbações.

* Interoperabilidade dos serviços

* A capacidade dos consumidores da nuvem para utilizarem os seus dados e serviços em múltiplos fornecedores da nuvem com uma interface de gestão unificada.

* A capacidade dos utilizadores de comunicar entre múltiplas nuvens - nuvens.

* Portabilidade do sistema

* A migração de uma imagem de um VM completamente escalonada de um fornecedor para outro, ou a migração de serviços e os seus conteúdos de um fornecedor para outro [33].

3.5.3 Gestão de Serviços

Para produzir a funcionalidade da computação em nuvem, é importante que os administradores tenham uma ferramenta simples para definir e medir as ofertas de serviços. Uma oferta de serviços é um conjunto quantificado de serviços e aplicações que os utilizadores finais podem consumir através do fornecedor - quer a nuvem seja de natureza privada ou pública. As ofertas de serviços devem incluir garantias de recursos, regras de contagem, gestão de recursos e ciclos de facturação. A funcionalidade de gestão de serviços deve estar ligada a um repositório de ofertas mais amplo, de modo a que os serviços definidos possam ser rápida e facilmente implementados e geridos pelo utilizador final [33].

3.5.4 Visibilidade e Relatórios

A necessidade de gerir os serviços na nuvem a partir de uma perspectiva de desempenho, nível de serviço, e relatórios torna-se primordial para o sucesso da implementação do serviço. Sem uma forte visibilidade e sem mecanismos de elaboração de relatórios, a gestão dos níveis de serviço ao cliente, desempenho do sistema, conformidade e facturação torna-se cada vez mais difícil. As operações de centros de dados têm a exigência de ter visibilidade em tempo real e capacidades de relatórios dentro do ambiente de nuvem para assegurar a conformidade, segurança, facturação e charge back, bem como outros instrumentos, que exigem altos níveis de visibilidade granular e relatórios [33].

3.5.5 Federação das Nuvens

A federação de nuvens é a prática de interligar os ambientes de computação em nuvem de dois ou mais fornecedores de serviços com o objectivo de equilibrar o tráfego de cargas e acomodar picos de procura. A federação de nuvens exige que um fornecedor venda por grosso ou alugue recursos informáticos a outro fornecedor de nuvens. Esses recursos tornam-se uma extensão temporária ou permanente do ambiente de computação em nuvem do comprador, dependendo do acordo específico de federação entre fornecedores.

A federação de nuvens oferece dois benefícios substanciais aos fornecedores de nuvens. Em primeiro lugar, permite aos fornecedores obterem receitas de recursos informáticos que de outra forma seriam ociosos ou subutilizados. Segundo, a federação de nuvens permite aos fornecedores de nuvens expandir as suas pegadas geográficas e acomodar picos súbitos de procura sem ter de construir novos pontos de presença (POPs) [33].

3.5.6 Interfaces do Administrador, Desenvolvedor e Utilizador Final

Um dos principais atributos, e sucessos, dos serviços baseados na nuvem existentes no mercado provém do facto de os portais de auto-serviço e modelos de implementação protegerem a complexidade do serviço da nuvem do utilizador final. Isto ajuda, conduzindo à adopção e diminuindo os custos operacionais, uma vez que a maior parte da gestão é descarregada para o utilizador final. Dentro do portal de auto-atendimento, o consumidor do serviço deve ser capaz de gerir o seu próprio centro de dados virtual, criar e lançar modelos, gerir o seu armazenamento virtual, computar e trabalhar em rede e aceder a bibliotecas de imagens para pôr os seus serviços a funcionar rapidamente. Da mesma forma, as interfaces do administrador devem fornecer uma visão de painel único em todos os recursos físicos, instâncias de máquinas virtuais, templates, ofertas de serviços e múltiplos utilizadores da nuvem [33].

3.6 Cloud Computing e Contexto do Bangladesh

A discussão sobre 'cloud computing' no Bangladesh está a aumentar, apesar de a maioria das pessoas aqui não ter uma ideia sólida sobre o assunto. A computação em nuvem é uma necessidade para as empresas em crescimento, os serviços governamentais e até mesmo para acomodar os novos freelancers sob o guarda-chuva da "computação na nuvem". Esta nova tecnologia minimiza os custos e até mesmo capacita digitalmente as pequenas empresas. Agora os empresários para activistas de desenvolvimento baseados em TI estão a falar em adaptar a computação em nuvem o mais rapidamente possível, a menos que o país perca o comboio do desenvolvimento. No Oracle CloudWorld 2013 realizou-se em Singapura (Abril de 2013), onde teve lugar um último centro de dados lançado pelo gigante do software. Poucos pioneiros de TI do Bangladesh juntaram-se à CloudWorld para procurar novas soluções para servir os seus clientes de forma mais eficiente e sustentável nos negócios competitivos. As empresas parceiras da Oracle em toda a região da Ásia-Pacífico serão beneficiadas pelo centro de dados. Seleccionaram Singapura como o país para a instalação do centro de dados, porque é uma nação mais segura, as empresas mais favoráveis aos negócios e as empresas líderes em todo o mundo têm lá escritórios, muitas empresas no Bangladesh estão a executar software de gestão de dados Oracle de classe mundial. A evolução do centro de dados pode impulsionar a virtualização, a consolidação; e os serviços em nuvem estão a tornar-se omnipresentes. Um centro de dados precisa de lidar com enormes quantidades de dados estruturados e não estruturados e realizar análises e relatórios críticos numa fracção do tempo que leva hoje em dia. Os custos operacionais da Skyrocketing precisam de ser controlados e reduzidos. Este centro de dados irá reforçar os propósitos das empresas para servir os seus clientes. Os impactos das TI nas organizações são nuvem, social, móvel, e grandes dados. A sua combinação pode desbloquear um verdadeiro poder de transformação. Através da integração e optimização do seu hardware e software, a Oracle está a abordar estes requisitos dos clientes e a estabelecer novos padrões para a transformação do centro de dados. Tal como misturar ingredientes para fazer bolo na panela é semelhante a juntar nuvens, e coexistir aplicações de nuvens com aplicações tradicionais no local. A computação em nuvem é mais do que apenas consumir uma aplicação como um serviço, e ter outra pessoa pode geri-la. Em vez disso, o valor da nuvem vem de permitir que o negócio seja mais ágil no mercado, e encurtar o tempo que leva a entregar e a adoptar novas inovações. Trata-se também de melhorar não só a eficiência com que comunicamos, mas também a qualidade real da informação partilhada. Quando a nuvem é combinada com "computação", isso significa que estamos a falar de uma coisa importante. O maior desafio na "nuvem computacional" é a segurança e privacidade. A Oracle assegurou o tratamento de dados importantes com ferramentas inquebráveis, uma vez que conquistou a confiança dos clientes ao longo dos anos. Olhando para formas como a nuvem da Oracle é diferente de outras nuvens - não só existe uma rica funcionalidade que abrange pilares funcionais como CRM, HCM e ERP, mas também, a inteligência social, móvel e empresarial já estão incorporadas onde faz mais sentido através de um processo empresarial completo. Esta estratégia permite que a Oracle Cloud forneça de forma única em todas estas três dimensões para ajudar os clientes a desbloquear todo o poder destas tecnologias transformacionais [18].

3.7   Migrando para a nuvem a partir da aplicação web habitual

3.7.1   Aplicação Web típica vs SaaS

SaaS tem como característica central a capacidade de os clientes utilizarem uma aplicação de software numa base de assinatura pay-as-you-go. Eles não têm de adquirir a licença do software e providenciar a sua instalação, alojamento e gestão. Estes aspectos operacionais são da responsabilidade da organização que fornece a aplicação SaaS [34].

3.7.2   Multi-Tenancy é a chave para o sucesso do SaaS

Embora a capacidade de subscrever uma candidatura seja minimamente suficiente para satisfazer os critérios básicos do SaaS, em termos práticos, fica aquém das expectativas. Na prática, uma aplicação SaaS deve ser também uma aplicação multi-tenant. Isto tem a ver com factores que se resumem a ser simplesmente económicos. Os CEOs das principais empresas SaaS concordam que não é possível desenvolver um negócio SaaS sem multi-tenant [34].

3.7.3   Multi-Tenancy é o Nível de Eficiência para SaaS

A maior alavanca para a eficiência vem do multi-tenancy, a capacidade de acomodar diferentes utilizadores da aplicação, fazendo parecer a cada um deles que têm a aplicação só para si. Estamos habituados a este conceito, uma vez que se aplica a utilizadores individuais num sistema, mas é ligeiramente diferente para um ambiente SaaS. Numa aplicação SaaS típica de uma empresa, os utilizadores são grupos de empregados de uma determinada organização e essa organização é conhecida como inquilino. Isto é semelhante ao que encontraria numa simples aplicação web se a organização comprasse a aplicação; teriam um grupo de empregados que fossem utilizadores da aplicação e a organização seria a proprietária. Num modelo SaaS, a organização é um inquilino, não um proprietário, mas os grupos de empregados continuam a ser utilizadores. Cada utilizador tem uma associação a um determinado inquilino (organização) e SaaS fornece a cada inquilino a experiência de possuir a sua própria cópia da aplicação, que os seus utilizadores podem utilizar [34].

3.7.4   Virtualização na nuvem Alavanca SaaS

A diferença entre uma simples aplicação web e uma aplicação SaaS com capacidade para nuvens em geral, compila duas das maiores características de utilização de capacidade nas TI actuais:

* Multi-tenancy (que foi introduzido anteriormente).

* Virtualização do hardware.

Enquanto a principal fonte de eficiência da aplicação provém da multi-tenancy da arquitectura da aplicação, a alavanca secundária para a eficiência provém da virtualização do hardware. Uma nuvem faz um melhor trabalho de alavancagem do valor, aumentando as percentagens de utilização de uma dada quantidade de hardware, empregando tecnologia de virtualização para reduzir a capacidade não utilizada que resulta quando se utiliza uma abordagem de máquina física normal de um centro de dados. Além disso, a nuvem oferece o potencial de realocar dinamicamente o hardware para a aplicação, com base na sua necessidade de recursos. Esta elasticidade, que pode ser de curto prazo (minutos) ou de longo prazo (meses), ajuda a desacoplar as decisões sobre hardware de uma única aplicação e a distribuí-las por um grande número de aplicações, suavizando as variações e tornando o investimento em hardware mais previsível e controlável [34].

3.7.5   Conversão de aplicações Web para SaaS

Para converter a aplicação web para uma aplicação SaaS deve ter de fazer sete coisas:

A candidatura deve apoiar a multi-tenancy.

* A candidatura deve ter algum nível de auto-serviço de inscrição.

* Tem de haver um mecanismo de subscrição/facturação em vigor.

* A aplicação deve ser capaz de ser escalada de forma eficiente.

* Devem existir funções para monitorizar, configurar e gerir a aplicação e os inquilinos.

* Deve existir um mecanismo de apoio à identificação e autenticação única do utilizador.

* Deve existir um mecanismo de apoio a algum nível de personalização para cada inquilino [34].

Apoio Multi-Tenancy

O multi-tenancy é a chave determinante da eficiência SaaS. Tipicamente uma aplicação suporta múltiplos utilizadores, mas com a presunção de que todos os utilizadores são de uma única organização. Este modelo é óptimo para o mundo pré-SaaS onde uma organização compraria uma aplicação de software para utilização pelos seus membros. Mas no mundo do SaaS e da nuvem, muitas organizações irão utilizar a aplicação; todas elas devem ser capazes de permitir o acesso de todos os seus utilizadores, mas a aplicação deve permitir apenas aos próprios membros de cada organização o acesso aos dados para a sua organização. Esta capacidade de ter múltiplas organizações (chamadas inquilinos na nomenclatura SaaS), coexistem na mesma aplicação sem comprometer a segurança dos dados para essas organizações define a aplicação como sendo multi-tenant. Existem vários níveis de multi-tenantamento (como se vê na figura que se segue à lista):

1. Virtualização simples na nuvem onde apenas o hardware é partilhado.
2. Aplicação única com bases de dados separadas por inquilino.
3. Aplicação única e partilhada.

Pode-se argumentar que o primeiro modelo não é realmente multi-tenancy, mas é frequentemente utilizado numa nuvem com servidores virtualizados e promovido como uma forma de multi-tenancy. Na realidade, fica aquém das expectativas e tem apenas vantagens marginais sobre o antigo modelo ASP com hardware dedicado. O nível mais eficiente é aquele em que a aplicação partilha totalmente uma base de dados e uma lógica empresarial de aplicação. Conseguir isto pode ser um processo oneroso que requer alterações ao esquema da base de dados para adicionar um identificador de inquilino a cada tabela e vista, bem como uma reescrita de cada acesso SQL para adicionar os critérios do inquilino aos filtros. A falta de um lugar no código onde isto tem de ocorrer pode comprometer a segurança dos dados da aplicação. Para além dos casos de acesso aos dados que ocorrem na aplicação, podem existir outras aplicações, tais como redactores de relatórios ou aplicações de utilidade que também devem ser modificadas para incluir a filtragem do inquilino necessária para manter os dados de inquilinos individuais acessíveis apenas a esses inquilinos em particular. O tipo de acesso que não é directamente a partir do pedido em si apresenta problemas que devem ser controlados. Se qualquer utilizador autorizado puder escrever um relatório, deve ser impedido de aceder aos dados que não pertençam ao inquilino de que faz parte [34].

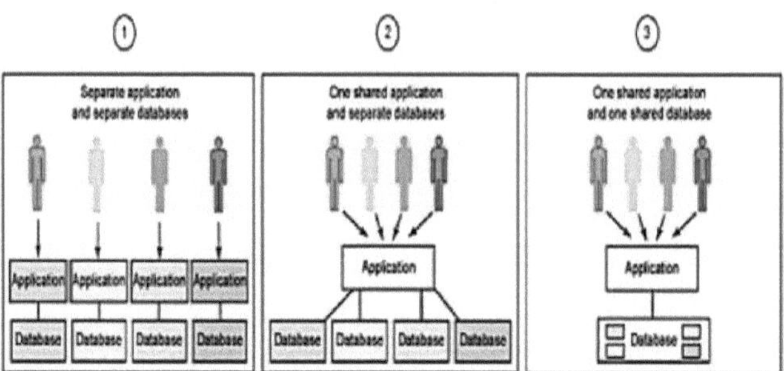

Figura 3.2: Base de dados (maior eficiência, verdadeira multi-tenancy) [34]

Auto-serviço de Assinatura

A candidatura deve estar disponível com algum nível de inscrição de auto-serviço, mesmo que seja simplesmente um mecanismo de pedido que resulte num processo comercial para adicionar um inquilino à candidatura [34].

Assinatura e Facturação

Deve fornecer um mecanismo de subscrição e facturação. Uma vez que as aplicações SaaS por concepção envolvem uma série de pagamentos baseados em factores como número de utilizadores por inquilino, opções de aplicação, e talvez duração de utilização, deve haver uma forma de acompanhar e gerir a utilização da aplicação e gerar informação de facturação que seja acessível aos administradores do inquilino [34].

Dimensionamento e gestão da aplicação

Deve ter a capacidade de escalar à medida que as subscrições crescem. A infra-estrutura da nuvem é uma forma lógica de o fazer, uma vez que encarna muitas capacidades que alguém precisará para escalar de forma eficaz e eficiente. Além disso, deve fornecer funcionalidades de administração e gestão de aplicações para monitorizar, configurar e gerir a aplicação e todos os arrendatários [34].

Identificação e Autenticação do Utilizador

É necessário fornecer um mecanismo de apoio à identificação e autenticação dos utilizadores que permita a identificação única dos utilizadores. Uma vez que a multi-tenancy exige que todos os utilizadores que se inscrevem no sistema sejam identificados para determinar a que inquilino pertencem, tem de haver uma relação definitiva que permita a identificação dos utilizadores como pertencendo a um determinado inquilino. Essa relação utilizador a inquilino é a informação chave que é utilizada para restringir os dados que podem ser acedidos pelo utilizador. Os endereços de e-mail são uma forma típica de o fazer para que a singularidade seja assegurada e os indivíduos possam ser reconhecidos e identificados como pertencendo a um determinado inquilino. Existem muitos mecanismos de autenticação e métodos de integração com eles, pelo que é essencial um mecanismo flexível para permitir a identificação de um utilizador. É frequentemente necessário que um determinado inquilino seja capaz de utilizar o seu LDAP existente ou outro serviço de directório ou mecanismo de autenticação para apoiar o single sign-on para a aplicação SaaS. Embora este tipo de autenticação externa do utilizador seja importante, é da responsabilidade da aplicação SaaS estabelecer que o utilizador identificado é um membro do inquilino que reivindicam [34].

Personalização Per-Tenant

Deve fornecer um mecanismo de apoio a um nível de personalização básica para cada inquilino, para que possam ter um URL único, página de destino, logótipos, esquema de cores, fontes, e talvez até idioma. Este nível básico de configuração por inquilino é esperado, mas para satisfazer verdadeiramente as necessidades de múltiplos inquilinos, haverá inevitavelmente uma necessidade de personalização por inquilino que vai mais fundo do que o básico. As personalizações típicas necessárias são semelhantes ao tipo de personalizações que seriam feitas por um inquilino com uma versão interna da aplicação. Podem envolver a adição de campos ou mesmo tabelas, a criação de lógica empresarial especial, ou a integração com outra aplicação. Poder fazer estes tipos de personalizações numa base por inquilino sem ter de estabelecer uma instância separada que comprometa a eficiência de um design de vários inquilinos é a marca registada da arquitectura SaaS de alta capacidade [34].

3.7.6 Questões de desempenho a considerar

As questões de desempenho para aplicações SaaS multi-tenant são tipicamente as mesmas que seriam encontradas para qualquer aplicação web que acomodasse o mesmo número de utilizadores com o mesmo nível de actividade. Existem muitas melhores práticas para lidar com as crescentes exigências de capacidade em aplicações web; em geral, todas elas são também aplicáveis a aplicações SaaS multi-tenant. Estas técnicas envolvem tipicamente escalas horizontais e verticais e equilíbrio de carga através de um conjunto de servidores.

Escala Horizontal/Vertical

As capacidades das infra-estruturas em nuvem oferecem muitas oportunidades para fazer este tipo de escalabilidade acontecer dinamicamente e de forma automatizada, para fornecer os recursos quando necessário e para reduzir os recursos quando os acordos de nível de serviço de desempenho (SLAs) podem ser cumpridos com menos recursos. Esta capacidade elástica é algo que pode ser ajustado para responder precisamente da forma necessária para fornecer o serviço sem fornecer recursos que serão subutilizados:

- A escalada horizontal é tipicamente utilizada para o nível do servidor de aplicação.

- A escalada vertical é tipicamente utilizada para o nível da base de dados [34].

3.7.7 Agrupamento de bases de dados

Com as aplicações SaaS, o número total de utilizadores pode ser muito elevado para um produto bem sucedido; em algum momento, a escala vertical da base de dados pode não ser a solução óptima. Muitas tecnologias de bases de dados têm a capacidade de fornecer um modelo de base de dados agrupada que permite uma maior capacidade em comparação com a mesma base de dados. DB2 tem várias opções que funcionam bem com este modelo e estas podem ser utilizadas para criar um agrupamento de bases de dados [34].

3.7.8 Geografia, Particionamento e Sincronização

Existem outras técnicas que podem ser mais apropriadas dependendo da aplicação SaaS e da sua população de utilizadores. Uma vez que o SaaS é inerentemente acessível de qualquer parte do mundo, a população de utilizadores pode estar longe; esta distância pode causar degradações de desempenho devido às longas topologias de rede. Nestes casos pode ser vantajoso utilizar nuvens que se encontram em regiões diferentes e dividir os dados ou utilizar a sincronização para manter a consistência. Qual destas opções é apropriada dependerá da natureza da aplicação em particular. Algumas não serão passíveis de sincronizações de longa distância [34].

3.7.9 Bases de dados separadas

O método mais radical (pelo menos para uma aplicação SaaS) a utilizar quando a capacidade da base de dados não pode satisfazer as exigências é a criação de uma base de dados separada. Quem quiser uma aplicação SaaS multitenant tem de considerar que esta opção pode levar à situação insustentável de apoiar uma base de dados por inquilino, o que leva directamente ao tipo de ineficiências que a multitenancy se esforça por evitar. E se os servidores de aplicação tiverem de ser divididos para servirem apenas uma base de dados, então as eficiências do multitenancy são ainda mais corroídas. Num mercado competitivo, essas eficiências de multitenancy são factores críticos de sucesso para as empresas SaaS [34].

3.7.10 Design Resgata o Poder do Balanceamento de Carga

Uma forma de manter o máximo de eficiência possível, mesmo quando, por qualquer razão, devem ser utilizadas bases de dados separadas, é ter um design multi-tenancy que possa permitir a qualquer um dos servidores de aplicação no cluster equilibrado em termos de carga aceder ao apropriado quando existem múltiplas bases de dados. Desta forma, a eficiência do equilíbrio de carga do cluster pode ser mantida com todos os servidores de aplicação a poderem ligar-se a qualquer base de dados para as sessões de utilizadores que suportam. Isto mantém o maior nível de eficiência dentro da restrição de múltiplas bases de dados [34].

3.7.11 A capacidade não é o único requisito

Pode haver razões legítimas para ter múltiplas bases de dados para além da capacidade, tais como a exigência de uma versão encriptada da base de dados para certas dez formigas de alta segurança . A capacidade pode não ser a questão, pelo que é importante ter um desenho que maximize a eficiência sempre que possível, mesmo quando é necessário um modelo inerentemente menos eficiente [34].

3.7.12 Questões de Segurança a Considerar

Em inquérito após inquérito, a segurança é normalmente listada como a principal preocupação dos subscritores de aplicações SaaS, ou pelo menos muito perto do topo. Nenhum fornecedor de SaaS pode ignorar a segurança. Mas frequentemente, o conceito de segurança dos dados é considerado apenas no contexto da própria aplicação SaaS.

A maioria das arquitecturas de aplicação SaaS tomam medidas de segurança de dados que impedem um inquilino de ver os dados de outro inquilino como um requisito básico. Mas:

- Uma capacidade chave que as aplicações SaaS devem ter é a de integrar e interagir com outras aplicações.

- Algumas dessas outras aplicações podem ser aplicações externas (não controladas pelo fornecedor SaaS).

- Nem todas as arquitecturas SaaS são concebidas tendo em mente a acessibilidade para aplicações externas. Essas outras aplicações poderiam ser aplicações internas que necessitam de aceder ou partilhar dados; poderiam ser ferramentas analíticas e de redacção de relatórios que extraiam os dados para tendências. Mesmo as ferramentas utilitárias utilizadas pelos administradores de bases de dados podem ser preocupações de segurança se os inquilinos as puderem utilizar para aceder, ou pior ainda, manipular dados que não lhes pertençam. A arquitectura das melhores práticas para SaaS deve considerar que nem todo o acesso aos dados pode estar sob o controlo da aplicação; devem existir mecanismos que permitam a segurança dos dados para cada inquilino, independentemente de o acesso ser através da aplicação SaaS ou através de alguma aplicação externa [34].

3.7.13 Selecção de Pilha de Tecnologia

Há sempre tradeoffs quando se tomam decisões sobre pilhas de tecnologia; numa aplicação SaaS isto é especialmente verdade porque as decisões estão a ser tomadas para todos os arrendatários. Vamos examinar algumas destas considerações [34].

3.7.14 Considerações sobre o sistema operativo

O sistema operativo em aplicações web é provavelmente o menos relevante para os utilizadores porque a sua interacção é através do navegador. Contudo, há considerações financeiras e técnicas que podem entrar em jogo:

- Se existe uma dependência de um código específico que é dependente do SO, então as escolhas são limitadas.

- Podem também ser condicionados se houver uma necessidade comum de integração com aplicações externas e isso é melhor feito num sistema operativo do que noutro. A economia implacável da nuvem empurrará sempre a escolha para um SO que tenha taxas de licença mais baixas e um bom desempenho. O principal meio de escalar aplicações web envolve escalas horizontais; isto significa que à medida que a aplicação SaaS cresce, o número total de instâncias de servidores de aplicações web aumentará e isso é um custo directo de operações

[34].

3.7.15 Considerações sobre a base de dados

A base de dados em aplicações web é provavelmente a preocupação não crítica dos utilizadores finais também porque a sua interacção é através do browser e desde que a aplicação seja capaz de armazenar e recuperar os seus dados, é em grande parte irrelevante para eles.

Mais uma vez, considerações financeiras e técnicas entram em jogo para o criador da aplicação. Se houver dependência da aplicação de características particulares de uma base de dados, então as escolhas são limitadas.

A escolha da base de dados pode ser importante por várias razões de concepção de aplicações e também pode ser afectada devido às exigências particulares do ambiente SaaS.

As exigências sobre uma base de dados são maiores numa aplicação SaaS simplesmente devido ao número de utilizadores que acabarão por estar a bordo; assim, a escalabilidade da base de dados é muito importante. A escalabilidade da base de dados é normalmente feita numa única instância, com cada vez mais servidores de base de dados poderosos utilizados para uma aplicação cada vez mais exigente. Mas a escalabilidade exigida às aplicações SaaS tem o potencial de ultrapassar as capacidades da escalabilidade vertical, pelo que o próximo passo na escalabilidade da base de dados envolve ter uma capacidade de agregação.

A capacidade de fazer este tipo de agregação no ambiente nebuloso pode influenciar a escolha da base de dados. Por exemplo, a DB2 pode ser seleccionada pela sua capacidade de funcionar numa grande variedade de SO que proporcionam escalabilidade vertical e pela sua flexibilidade de escolhas para a escalabilidade através do agrupamento de múltiplas participações e redundância. Por exemplo, um cluster DB2 HADR (High Availability Disaster Recovery) pode ser criado na nuvem [34].

3.7.16 Considerações sobre o Servidor de Aplicações

A escolha do servidor de aplicação, tal como as outras decisões de pilha de tecnologia, é também principalmente uma decisão do desenvolvedor de aplicações SaaS, uma vez que as interacções do utilizador final são apenas através do navegador. Mas pode haver diferenças importantes por várias razões de concepção de aplicações e também pode ser afectada devido às exigências particulares do ambiente SaaS.

As aplicações que tirem partido de características especiais ou componentes adicionais de servidores de aplicações como o WebSphere terão de utilizar esse servidor de aplicações na nuvem.

As razões para escolher um servidor de aplicação são geralmente feitas num ponto inicial do ciclo de vida da aplicação porque a aplicação pode beneficiar de algumas características particulares ou porque existem add-ons de terceiros ou capacidades de integração que são importantes para a aplicação. Por vezes é simplesmente porque a perícia da organização e as normas internas ditam a utilização de componentes particulares da pilha de tecnologia.

A decisão de seleccionar e configurar a pilha de tecnologia a utilizar num ambiente SaaS/cluvoso implica equilibrar as forças técnicas e económicas para alcançar um bom resultado [34].

3.8   Principal Área de Preocupação desta Tese

Actualmente, os cartões SIM não registados (aqui não registados significa os cartões SIM que estão registados com informações falsas fornecidas pelo comerciante) são amplamente utilizados para cometer crimes na perspectiva do Bangladesh. Devido à complexidade do actual processo de registo do cartão SIM, os subscritores estão relutantes em registarem-se eles próprios. Neste artigo propomos um **modelo de sistema baseado na nuvem** que demonstra um método online de compra e registo do cartão SIM. Este modelo de sistema conquista as limitações do sistema convencional de compra e registo por telemóvel, que é moroso e perseguidor. Permite que o assinante compre o cartão SIM e seja registado de forma descomplicada. Aqui enfatizamos principalmente a questão da segurança através do registo obrigatório do cartão SIM móvel. O objectivo do nosso modelo de sistema é diminuir a taxa de crimes que podem ser cometidos através da utilização do telemóvel. Mostramos também que este sistema irá encorajar as pessoas a ser um utilizador registado e, ao mesmo tempo, desencorajar os criminosos a cometer crimes com a utilização de chamadas e SMS móveis.

CAPÍTULO 4

METODOLOGIA

4.1 Visão geral

Os telemóveis tornaram-se parte da nossa vida quotidiana. Hoje em dia, os telemóveis alteraram enormemente a forma como comunicamos uns com os outros. Um telemóvel pode ser tudo o que precisamos para comunicar. A partir de um telemóvel fazemos chamadas, enviamos mensagens de texto, e-mails, enviamos e recebemos direcções, vamos à Internet, compramos coisas, fazemos banca online, ouvimos música e muito mais. O Bangladesh é um país pequeno com seis operadores móveis diferentes (Grameen phone, Robi, Teletalk, Airtel, Citycell e Banglalink) e um número enorme de assinantes recebe o serviço deles. Todos os dias o número de assinantes é aumentado. No final de Maio de 2013, o número total de assinantes móveis do Bangladesh é de 102,995 milhões, ou seja, 17 lac 90 mil mais do que o número de utilizadores de Abril de 2013 (101,225 milhões) [35]. Juntamente com o Bangladesh, apenas 12 países no mundo têm mais de 100 milhões de assinantes activos. BTRC alegou que a penetração móvel do Bangladesh é de 66,36% entre toda a população, com um crescimento de 10% por ano.

Os telemóveis têm um efeito positivo na atenuação dos crimes, uma vez que permitem uma notificação mais rápida dos crimes e, em alguns casos, a comunicação em tempo real de detalhes sobre o crime e o criminoso que ajuda a vítima a escapar. Por outro lado, os telemóveis têm também um impacto negativo sobre o crime [36]. Vários números de crimes envolvem a utilização de telemóveis (chamadas e SMS) tais como - cobrança de portagens, assalto, exigência de extorsão após rapto, planeamento e execução de actividades de roubo e furto, chantagem, emissão de ameaças de morte ou outros danos, fomento da militância, etc [37]. Estes índices de crimes são aumentados de forma alarmante com o aumento do número de assinantes de telemóveis. A maioria destes crimes ocorre com a utilização de cartões SIM não registados, uma vez que ajuda os criminosos a esconder a sua verdadeira identidade, porque as informações contra esse cartão SIM podem ser inseridas com informações falsas com a ajuda do traficante e tornam a tarefa muito difícil para as agências responsáveis pela aplicação da lei de detectar o seu paradeiro [38].

Assim, estes cartões SIM não registados ou falsos registados podem ser utilizados como arma pelos criminosos para realizar as suas acções ilegais. De acordo com um relatório, até Outubro de 2009, foram utilizados 10 milhões de cartões SIM para o crime no Bangladesh [39].

O anterior governo provisório (2007-08) tomou medidas para o registo do cartão SIM e elaborou regras para este efeito. Mas um número não especificado de pessoas nessa altura utilizou documentos falsos para o registo dos cartões SIM. Em Março de 2010, funcionários do Bangladesh bloquearam 1,5 milhões de números móveis e reforçaram as regras para a compra e venda de cartões SIM na sequência de um pico no crime relacionado com o telemóvel. Nestes bloquearam 1,5 milhões de números; 200.000 telefones estavam a ser utilizados em casos de extorsão e de extorsão, enquanto 1,3 milhões de números foram bloqueados por não possuírem documentos de registo completos [40]. Normalmente cada criminoso ou terrorista mantém à sua disposição 400 a 500 cartões SIM não registados. Um cartão SIM é destruído após a sua utilização apenas uma vez. Embora o BTRC tenha uma directriz de protecção do consumidor [41], estas são difíceis de implementar sem conhecer a informação real sobre os utilizadores. O nosso governo não recebe o imposto pelo SIM não registado, uma vez que este não está documentado e o operador pode facilmente esconder a informação da transacção.

Operators	Active Subscribers (in millions)
Grameen Phone Limited (GP)	43.263
Banglalink Digital Communication Limited	26.574
Robi Axiata Limited (Robi)	22.192
Airtel Bangladesh Limited (Airtel)	7.662
Pacific Bangladesh Telecom Limited (Citycell)	1.408
Teletalk Bangladesh Limited (Teletalk)	1.897
Total	102.995

Figura 4.1: Assinantes de telemóveis no final de Maio de 2013 [42]

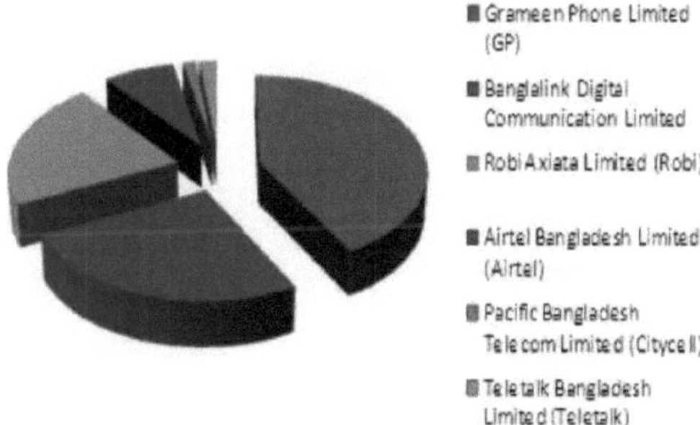

Figura 4.2: Gráfico de tartes do assinante do telemóvel

4.2 Investigação relacionada

Há um número muito limitado de trabalhos de investigação baseados neste tópico. Mas um bom número de artigos de jornal, de revista e de blogues científicos descobriram que relacionam este tópico. Entre eles, um blogue chamado natunbarta.com tem análises sobre o número de assinantes de cartões SIM móveis no Bangladesh. Outro web blogue eHOWTM publicou um artigo sobre o impacto do telemóvel no crime. O sítio do jornal online bdnews24.com publicou notícias sobre as actividades do BTRC contra o crime utilizando o telemóvel. Outro jornal online o hidustantimes fez uma reportagem detalhada sobre o crime utilizando telemóveis em Bangladesh.

4.3 Modelo do sistema

Como o crime ocorre através da utilização do cartão SIM não pode ser rastreado devido à informação errada dada no momento da compra. Actualmente, o processo de registo manual do cartão SIM está activo. Neste sistema, é muito fácil obter um cartão SIM, fornecendo informações erradas. Assim, propusemos o sistema centralizado de compra / registo do cartão SIM com base na nuvem. Haverá uma base de dados central contendo informações para todos os cidadãos do país. O perfil de cada cidadão será criado durante o tempo de registo de nascimento, pelo que cada cidadão terá um perfil com um número de identificação único (como o número do cartão de identificação nacional para o cidadão no Bangladesh) nessa base de dados. Para este sistema, precisaremos de três tipos de utilizadores fora, são eles o cliente (que pretende adquirir o cartão SIM), o revendedor do respectivo operador de telecomunicações (que está autorizado a vender o cartão SIM), e um organismo de autoridade (que será responsável pela adição e eliminação do número de telemóvel no perfil dos indivíduos).

Figura 4.3: Três tipos de utilizadores no sistema

4.3.1 Arquitectura para o sistema proposto

Haverá uma base de dados central contendo a informação de todos os cidadãos, revendedor e a autoridade. As informações pessoais deverão ser inseridas no registo de nascimento. No perfil do indivíduo, haverá o nome da pessoa, morada, número de identificação nacional, e os números de telemóvel. Entre estas informações, o proprietário do perfil apenas pode actualizar a palavra-passe do seu perfil, o resto das informações será mantido e actualizado a nível central. Haverá outra opção como "Gerar Código" para definir um código de segurança e o seu período de validade. Este código de segurança é muito importante, pois será utilizado mais tarde para aceder a este perfil pelo revendedor do cartão SIM. Existe uma opção de mensagem para obter o código PIN de activação do cartão SIM juntamente com o número do telemóvel.

Para o perfil do concessionário, existe uma opção de comunicação com o utilizador, como a procura de um perfil de cliente para verificação, utilizando a identificação do cliente desse cliente juntamente com o código de segurança que foi definido pelo próprio cliente. Existe outra opção para o concessionário enviar o código PIN da activação do SIM para o perfil do cliente. Existe uma opção para que o concessionário comunique com a autoridade. O concessionário pode solicitar a eliminação de um número do perfil de qualquer pessoa quando o utilizador desse número de telemóvel entregar o cartão SIM ao concessionário. A identificação do revendedor é definida pelo respectivo operador de telemóvel. Para a autoridade, ele/ela pode actualizar a sua senha para o próprio perfil. Existe uma opção de mensagem para este utilizador receber um pedido do concessionário para apagar um número de telemóvel do perfil de qualquer utilizador.

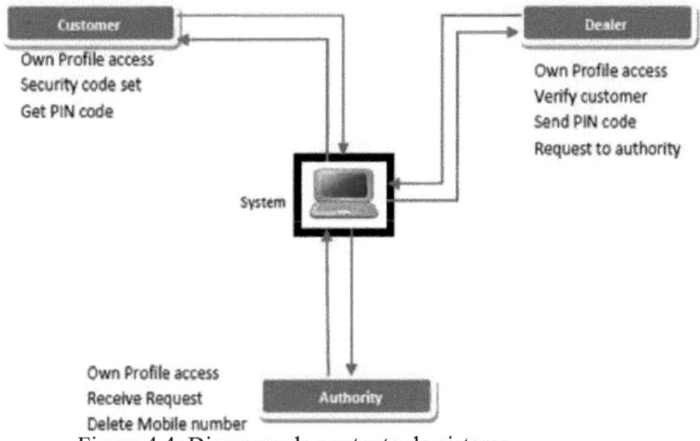

Figura 4.4: Diagrama de contexto do sistema

4.3.2 Aquisição de um cartão SIM

Quando uma pessoa quer comprar um cartão SIM, no início tem de entrar no seu perfil e definir o código de segurança com período de validação. Depois irá para o centro de venda do operador móvel desejado. Ele dará o seu número de identificação nacional e o código de segurança que foi definido por ele ao concessionário. O concessionário verificará o cliente com o número de identificação nacional do cliente e o código de segurança. Depois o concessionário dará o cartão SIM ao cliente, mas o cartão SIM está no modo inactivo. O concessionário enviará um número PIN de activação do SIM ao perfil do cliente juntamente com o número do telemóvel. Depois, a pessoa entrará no seu perfil e verá a mensagem para recuperar o número do telemóvel e o código PIN. Ao utilizar este código PIN, o cartão SIM inactivo torna-se activo e, ao mesmo tempo, o número será automaticamente adicionado ao perfil do utilizador.

Assim, o número total dos cartões SIM será anotado no seu perfil. Assim, o assinante está a ser inscrito pelo operador de telemóvel ao mesmo tempo que o governo tem o conhecimento de qual o assinante que comprou qual o cartão SIM de que concessionário.

Figura 4.5: Passos de compra e activação do cartão SIM

4.3.3 Entregar um cartão SIM pelo Utilizador

Um utilizador pode entregar o seu cartão SIM ao operador devido a algum motivo específico. Para esta operação, o utilizador define um código de segurança para o seu perfil, e vai ao concessionário com uma declaração por escrito que declara o motivo da entrega do cartão SIM. O concessionário verificará este utilizador através do procedimento anterior. O concessionário enviará então uma mensagem à autoridade com o número de telemóvel entregue e a identificação nacional do utilizador. A autoridade apaga então o número de telemóvel do perfil do utilizador.

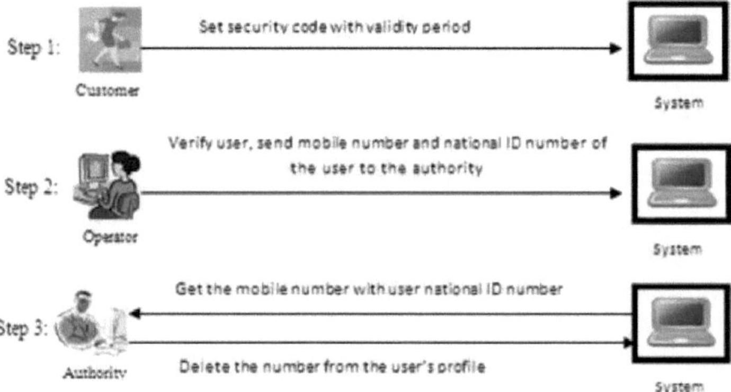

Figura 4.6: Passos para a entrega de um cartão SIM

Os resultados deste sistema são documentação apropriada da assinatura do cartão SIM, identificação do assinante e do revendedor do cartão SIM, estatísticas precisas dos utilizadores do telemóvel, número do cartão SIM utilizado por uma única pessoa, transacção de informação sem complicações mas segura durante a compra do cartão SIM. Reduzir o consumo de tempo e evitar a utilização da cópia impressa de qualquer documento, é assegurada a autenticação adequada do cliente. Dispensa a dissuasão de ter cartão SIM aos menores de 18 anos (abaixo dos 18), tal como introduz o sistema de base de dados central em vez do cartão de identificação nacional para a compra do cartão SIM.

O resultado deste sistema é muito significativo, pois preocupa-se com a segurança relativa ao envolvimento dos telemóveis em actividades criminosas. Reduzirá a taxa dos crimes utilizando os telemóveis porque, cada cartão SIM será reconhecido pelo seu assinante, e será identificado muito facilmente. Se o revendedor de qualquer operador de telemóvel envolver em actividades criminosas fornecendo informações erradas para ajudar qualquer assinante, ele/ela pode ser facilmente identificado por este sistema. O governo pode facilmente identificar as estatísticas dos utilizadores de telemóveis. Como o número de cartões SIM vendidos é monitorizado, o governo pode ganhar o imposto adequado deste sector. Como o número total de cartões SIM utilizados por um indivíduo pode ser reconhecido e geralmente os criminosos são utilizados para utilizar um número de cartões SIM à sua disposição, assim a autoridade de controlo de segurança pode suspeitar e localizar qualquer pessoa pelo número dos seus cartões SIM. Além de criminosos infames podem ser rastreados, uma vez que não podem esconder as suas informações de contacto do seu perfil.

CAPÍTULO 5

RESULTADO EXPERIMENTAL

A taxa de criminalidade cibernética que utiliza o telemóvel tornou-se demasiado aguda que, a Direcção-Geral de Inteligência das Forças (DGFI) do Bangladesh a considera um sinal alarmante. Estão preocupados que o falso registo do cartão SIM do telemóvel, especialmente por criminosos, aumente num futuro próximo, no meio da actual crise política. Afirmou anteriormente que, a BTRC bloqueou 1,5 milhões de SIM, o que representa cerca de 2% do total de assinantes de registo falso, após queixas do Batalhão de Acção Rápida (RAB) e da Polícia [43]. Assim, pode facilmente assumir-se que, haveria alguma proporção (assumir X %) dos restantes 98%, apesar de ainda não ter sido apresentada qualquer queixa através de um processo de registo falso. Mas pela utilização deste modelo proposto, estes X% serão falecidos.

Sobre o registo falso de SIMs, o Comissário Adjunto da Polícia Metropolitana de Dhaka Masudur Rahman disse recentemente *Quando contactamos os operadores sobre o registo falso eles dizem que os retalhistas ainda não enviaram de volta os formulários de registo, pelo que não podem oferecer quaisquer detalhes* [43]. Como o sistema proposto oferece um processo de registo online em tempo real obrigatório para a compra de um cartão SIM, este tipo de desculpa da operadora não será aceite.

Os operadores móveis alegam geralmente que não tinham acesso à base de dados nacional que se encontra sob a Comissão Eleitoral - e não têm instrumentos alternativos para detectar a identificação real dos assinantes. Neste sistema proposto, os operadores têm de aceder à base de dados central que continha as informações detalhadas dos assinantes. Além da base de dados existente, contém informações sobre as pessoas com mais de 18 anos, mas a base de dados central proposta será enriquecida com as informações de todas as pessoas do Bangladesh, uma vez que permite obter um SIM sem restrições de idade, pois pode ser necessário ter um telemóvel para as pessoas com menos de 18 anos.

Um caso está a ser considerado através do rastreio de um número móvel que criou qualquer crime pela International Mobile Station Equipment Identity (IMEI). Mas TIM Nurul Kabir, secretário-geral da Associação dos Operadores de Telecomunicações Móveis do Bangladesh disse que "o barramento IMEI é uma ferramenta para garantir a segurança, mas o registo SIM deve ser real antes disso"[43]. Porque, para um mesmo cartão SIM, podem ser utilizados vários aparelhos. De acordo com isto, o sistema declarado neste documento, assegura o processo de registo do cartão SIM de tal forma que o utilizador do cartão SIM possa ser reconhecido sem dificuldade e dissipar a necessidade de ser incomodado com o número IMEI.

No processo de transacção do cartão SIM existente, os concessionários estão demasiado preocupados para assegurar o seu bónus de desempenho atribuído na venda de uma quantidade específica de cartão SIM. Por este motivo, muitas vezes fornecem o cartão SIM ao cliente sem lhes retirar qualquer tipo de informação para obterem a sua satisfação e envolverem-se no processo de registo falso. Mas pelo modelo proposto tal tipo de actividades não é possível, uma vez que as informações dos concessionários também são declaradas durante o processo de registo.

CAPÍTULO 6

CONCLUSÃO

6.1 Visão geral

Neste capítulo vamos resumir o tema principal da computação em nuvem e ao mesmo tempo destacar o resumo do sistema proposto (processo de registo do cartão SIM baseado na nuvem), análise teórica da computação em nuvem. Este capítulo abrangerá também a futura expansão do projecto mencionado (processo de registo de cartões SIM com base na nuvem), bem como aspectos futuros da computação em nuvem.

6.2 Resumo

Neste documento discutimos os conceitos básicos, estruturas, componentes, campos de trabalho do Cloud Computing e propusemos um processo de registo de cartões SIM baseado na nuvem que pode ser implementado através da utilização de uma base de dados central. O nosso sistema proposto não tem problemas, tanto para o cliente como para o revendedor. O nosso objectivo é alistar todos os assinantes através deste processo de registo online que reflicta o número exacto de assinantes. Ao mesmo tempo, assegurará a documentação adequada da informação necessária para identificar todos e cada um dos subscritores. Assim, a recuperação de 100% dos impostos pela autoridade fiscal do governo será assegurada. Qualquer criminoso pode ser rastreado pelo cartão SIM utilizado em actividades criminosas, uma vez que ninguém pode adquirir o cartão SIM sem fornecer as informações correctas. Estamos optimistas em que este método atenua a taxa de criminalidade de forma muito eficaz. O sistema é organizado através da recolha de algum processo criptográfico para assegurar a autenticação. É por isso que o nosso sistema proposto é melhor a partir do actual processo de registo manual do cartão SIM. Embora tenhamos proposto o modelo para o Bangladesh, este pode ser implementado em qualquer outro país.

6.3 Trabalho Futuro do Projecto (Processo de Registo do Cartão SIM baseado na Nuvem)

Como este sistema proposto irá funcionar sob uma base de dados central, a gestão dessa base de dados é muito crucial. A informação precisa deve ser introduzida posteriormente através de um controlo. A autoridade de introdução de dados deve ser digna de confiança e eficiente. A segurança da base de dados é outra preocupação importante. Deve haver segurança suficiente para a base de dados. Deve ser assegurado o backup adequado. Actualmente, fizemos um software de demonstração para representar as funções do sistema. O sistema foi implementado num curto espaço de tempo. A experimentação de todo o sistema está a decorrer de forma muito acentuada. Se o apoio cordial for confirmado pela respectiva autoridade, este sistema pode ser testado e implantado no terreno prático.

6.4 O futuro do Cloud Computing

Com a chegada da computação em nuvem, a forma convencional de computação foi-se para uma mudança radical. E esta nova adição na computação não é um flash na panela, uma vez que vai governar o poleiro no futuro. Segundo algumas opiniões de especialistas, vai ser a cara da futura computação em nuvem. E por isso, o futuro da computação em nuvem parece muito promissor.

De acordo com alguns inquéritos realizados por organizações líderes, 70% dos americanos irão beneficiar da nuvem e de várias aplicações nas próximas décadas para uso oficial e pessoal. E isto não é uma sobrestimação ou exagero, uma vez que já estamos a utilizar a nuvem e as suas aplicações de uma forma ou de outra. A utilização de correio electrónico e a ligação às redes sociais através de telefones inteligentes, a visualização de filmes através de telefones inteligentes e o carregamento e acesso a imagens de websites como o Flicker são exemplos comuns de computação em nuvem no nosso dia-a-dia.

Vejamos o que torna o futuro da computação em nuvem tão brilhante.

A presença da Internet irá impulsionar o seu futuro:

A computação em nuvem tornar-se-á ainda mais importante com a omnipresença da Internet de alta velocidade e banda larga. Lenta mas firmemente, estamos a aproximar-nos. Até as companhias aéreas estão a oferecer serviços wi-fi por satélite em voos. Numa viagem de massa para ligar todas as aldeias a serviços de Internet sem fios através da Internet são oferecidos através de satélite, embora a velocidade seja um pouco lenta. Esta presença crescente da Internet está a abrir novas perspectivas em educação e cuidados de saúde. Com a ajuda da computação em nuvem, podemos utilizar estes serviços a um custo reduzido.

Não há mais actualizações de software:

A maioria dos profissionais informáticos perde muito do seu tempo e esforços a descarregar diferentes versões de software para que possam aceder aos vários programas e dados com pouco esforço. A maioria dos softwares estão nos servidores da nuvem, pelo que não precisam de ser baixados e instalados para pouca utilização. Assim, quer seja necessário aceder a e-mails ou passar por uma folha de cálculo, tornou-se divertido com a chegada da computação em nuvem. De acordo com algumas estimativas, um número considerável de software será entregue através da Internet.

Hardware Opcional:

Com a chegada da computação em nuvem já não é necessário comprar discos rígidos com grande capacidade de armazenamento, pois pode ser armazenado na nuvem. Por isso, mantenha afastado o medo de perder os dados. Todos os dados com backup completo podem ser armazenados na nuvem. Assim, com a popularidade crescente, os computadores funcionarão como interface para comunicar com a Cloud Computing.

Entretenimento Ilimitado:

Uma vez que o hardware já não é obrigatório, não há limite nas opções de entretenimento. Carregar o software mais recente e comprar jogos no mercado vai ser coisas do passado. No futuro, existirão jogos 3D móveis para entreter as crianças.

Tratamentos Médicos Simplificados:

O futuro da computação em nuvem não se limita às opções de entretenimento e jogos, uma vez que pode contribuir maciçamente também nos campos das ciências médicas. Como a maioria dos tratamentos contemporâneos requer assistência informática, uma vez que os dados têm de ser pesquisados para várias coisas como amostras de ADN e outros procedimentos bioquímicos e, portanto, a nebulosa informática vai desempenhar o seu papel na maior parte das terapias. Além disso, facilitará a tarefa do tratamento de dados.

Previsão do tempo:

Acredita-se que com o aumento do nível de computação associado a modelos climáticos melhorados, será muito mais fácil fazer previsões meteorológicas.

Educação para Todos:

Com muitas instituições educacionais a oferecerem material de curso gratuito para todos através da

Internet, é aqui que a computação em nuvem pode desempenhar um grande papel na entrega de educação nas portas dos alunos através de uma interface. Além disso, será um salto gigantesco para a digitalização da educação. Assim, e se não se tiver assegurado a admissão numa universidade de renome, pode-se aprender várias coisas através do computador com ligação à Internet.

Liberdade das Carteiras:

Com o advento dos telemóveis, o conceito de carteiras tradicionais passou a ser atirado ao ar. Agora tudo, desde os detalhes de contacto até às necessidades relacionadas com as compras e bilhetes de avião para as férias, passando por clicar nas imagens dos momentos felizes, tudo pode ser feito pelo telefone inteligente. A nuvem tornou-o possível. É possível no futuro que se possa guardar todos os documentos valiosos como a carta de condução e a identidade do eleitor com a ajuda do smart phone.

A Sociedade sem Papel é Possível:

Tem visto pilha de resíduos de papel nos escritórios ou nos caixotes de lixo cheios de papel rasgado. Agora estas coisas vão mudar. Não há necessidade de cortar árvores para fazer papel, pois podemos fazer a maior parte das transacções e comunicações online. E a computação em nuvem tem certamente um papel a desempenhar aqui. Agora podemos reservar bilhetes móveis para concertos e mudanças, uma vez que a maioria destas coisas está disponível na nuvem.

Não há necessidade de esfregar ombros:

Se for a uma mercearia irritar alguém, uma vez que está lotada, não vá lá. Basta chegar à Internet e acrescentar coisas ao carrinho e encomendar. O produto será entregue à porta. Hoje em dia, as compras foram-se online e a computação em nuvem tem um certo papel a desempenhar no negócio.

Obter a Localização:

Os serviços de localização oferecidos por alguns sites de redes sociais como o twitter nos EUA e o foursquare ajudam as pessoas a localizar a sua família e amigos. Com a ajuda da computação em nuvem, os serviços de localização serão, com certeza, melhores. Agora podem ser utilizados em operações de salvamento para encontrar a localização das vítimas.

Um trunfo para os meios digitais:

A chegada da nuvem pode ser uma bênção para os meios digitais. Agora artistas independentes e escritores criativos podem chegar a cada vez mais pessoas e assim acabar com o monopólio de certas organizações de meios de comunicação social. A concorrência crescente abrirá as portas dos escritores criativos e dos fornecedores de conteúdos dos meios de comunicação digitais. Se todo o conteúdo não for de graça, os utilizadores podem pelo menos descobrir de onde para onde através desta música ou de um livro e assim poupar o seu tempo e esforços. Nos próximos anos, a compra de DVD de um mercado e de um taco interminável numa sala de cinema vai ser obsoleta.

O salva-vidas da Nova Era:

Pode parecer ridículo e exagerado para muitos, mas com a chegada da informática pode-se armazenar os registos médicos na nuvem num único repositório digital e pode-se aceder a ele a partir de qualquer parte do mundo. E não é preciso lamentar que se tenha deixado todos os seus registos médicos para trás. É possível fazer ECG, radiografias e relatórios de análises sanguíneas enquanto se está de férias? Aproveitando a vida nas férias e no caso de alguma emergência médica, é possível aceder-lhe premindo algumas teclas no teclado e clicando no rato.

Um Sistema de Segurança da Nova Era:

Com a ajuda da computação em nuvem, registos de carros incluindo o número. A carta de condução e os detalhes do endereço do proprietário podem ser armazenados na nuvem no caso do carro ser roubado e recuperado por alguma agência de segurança em locais longínquos, eles podem informar instantaneamente o proprietário do carro. Também diminui a carga das várias organizações policiais e de segurança numa determinada região. Da mesma forma, são fornecidos pormenores completos de toda a população de um condado, incluindo registos de impressões digitais e de ADN. Ajudará os recrutadores a fazer verificações de antecedentes antes de dar emprego aos candidatos. Ajudará a reduzir o roubo e a má conduta em alguns casos.

Uma Ferramenta Eficiente na Gestão de Catástrofes:

Com serviços de localização melhorados, as equipas de gestão de catástrofes têm facilidade em ajudar as vítimas em tempo de emergência. Como é conhecido, a hora de ouro é desperdiçada na procura da localização das vítimas. Esta facilidade provará ser uma bênção na ajuda a quem dela necessita. Na maioria das vezes, quando um avião se encontra com um acidente, é difícil encontrar a localização dos destroços do avião. A computação em nuvem em conjunto com imagens de satélite e aéreas pode ajudar a encontrar a localização num espaço de tempo muito curto, poupando assim muito tempo e esforço de pesquisa manual feita por agências de segurança.

Agora todos são empreendedores:

Com a chegada da nuvem qualquer um pode tornar-se empresário. Fornece uma solução fácil para vários problemas de TI enfrentados por novas empresas. Por exemplo, se alguém tiver uma habilidade particular em exibição, pode dá-la na nuvem e da mesma forma o artista pode dar amostras da sua arte no YouTube, onde pode encontrar inúmeros potenciais compradores pela sua habilidade. Além disso, o papel da computação nas nuvens vai aumentar em áreas como a guerra e os gadgets da nova era, para além de vários aparelhos domésticos. A maioria de nós fica frequentemente presa no congestionamento de tráfego na estrada com tecnologia melhorada, é possível encontrar um caminho para evitar o rosnado do tráfego [19].

REFERÊNCIAS

[1]R.Buyyaa, C.S.Yeoa, S.Venugopala, J.Broberg, I.randic, "Digital Watermarks for Audio Signals", *Future Generation Computer Systems*,vol. 25. No. 6. pp. 599-616, Junho de 2009.

[2] *gcinfotech*, "Cloud Computing & Virtualization", Availablr em:, http://gcinfotech.com/services/cloud-computing-virtualization/, [Última visita: 4/12/2013].

[3] *NIST*, "Cloud Computing", Disponível em:, http://www.nist.gov/, [Última visita:10/8/2013].

[4] *Wikipedia*, "Cloud Computing", Availablr em:, http://en.wikipedia.org/wiki/CloudComputing, [Última visita: 4/12/2013].

[5] *Jontrogonok*, "Cloud Computing", Availablr em:, http://jontrogonok.com, [Última visita: 7/12/2012].

[6]T. Velte Toby, J. Velte, Robert,Book: "Cloud Computing": A Practical Approach", *McGrawHill, 2010.*

[7]Q. Zhang, et al., "Cloud computing: state-of-the-art and research challenges", *Journal of Internet Services and Applications*, vol. 1, pp. 7-18, 2010.

[8]Z.Pantic, M.Ali Babar, "Guidelines for Building a Private Cloud Infrastructure", *Tech Report TR-2012-153, ISBN: 978-87-7949-254-7*, IT University of Copenhagen, Dinamarca, 2012.

[9]N.Hasan e M.Riasat Ahmed, "Cloud Computing: Opportunities and Challenges", *Journal of Modern Science and Technology*, Vol. 1. No. 1, Edição. Pp.76-83, Maio de 2013.

[10]A. Trolle-Schultz, "Curso de Computação em Nuvem F2011", *Universidade de TI de Copenhaga*, Dinamarca 2011.

[11]Oracle, "Architectural Strategies for Cloud Computing", *An Oracle White Paper in Enterprise Architecture*, Agosto de 2009.

[12]M. Armbrust, et al., "A View of Cloud Computing", *Communication of ACM*, vol. 53, pp. 50-58, 2010.

[13] *VERIO*, "10 BENEFÍCIOS DA COMPUTAÇÃO DE CLOUDES", Disponível em: http://www.verio.com/resource-center/articles/cloud-computing-benefits/, [Última visita: 5/12/2013]

[14]S. Wardley, et al., "Ubuntu Enterprise Cloud Architecture", *Relatório Técnico*, EUA, Agosto de 2009.

[15]"SAM-DATA/HK Magasinet", Disponível em: http://www,hk.dk, [Última visita: 6/6/2013].

[16]A. Lenk, et al., "What is Inside the Cloud? An Architectural Map of the Cloud Landscape", *Workshop on Software Engineering Challenges of Cloud Computing, Collocated with ICSE 2009*, Vancouver, Canada, 2009.

[17]L. Vaquero, et al., "A break in the clouds: towards a cloud definition", *SIGCOMM Computer Communications Review*, vol. 39, pp. 50-55, 2009.

[18]   *theindependent*, "Cloud computing and Bangladesh context", Disponível em:

http://www.theindependentbd.com/index.php?option=comcontentview=articleid=163983 :cloud- compuing-and-bangladesh-contextcatid=174:others-itItemid=206, [Última visita: 5/12/2013].

[19]   *Rose India*, "Future of Cloud Computing", http://www.roseindia.net/cloudcomputing/future-cloud-computing.shtml, [Última visita: 5/12/2013].

[20]H. Xu, M. Song, J. Peng, Q. Yu, "Research on Telecom Service Deployment in Cloud Environments",*Actas da 5ª Conferência Internacional IEEE sobre Computação Pervasiva e Aplicações*, pp. 189-194, 2010.

[21]SCOPE Alliance, "Telecom Grade Cloud Computing", *c/o IEEE- ISTO*,Maio,   2011, Disponível em

http://scope-alliance.org/sites/default/files/documents/CloudComputingScope1.0.pdf/, [Última visita: 12/11/2013].

[22]M. Sato, "Creating Next Generation Cloud Computing Operation Support Services by Social OSS: Contribution with Telecom NGN Experience", *19º workshop do IEEE sobre Tecnologias Tnabling: Infrastructure for Collaborative Enterprises*, pp. 82-87, 2010.

[23]Y. C. Zhou, L. Xue, X. P. Liu, X. N. Wang, X. X. Liang, C. H. Sun, "Service Storm: A Self-Service Telecommunication Service Delivery Platform with Platform-as-a- Service Technology", *6th IEEE World Congress on Services*, pp. 8-15, 2010.

[24]M. Zuhdi, E.T. Pereira,A. Teixeira, "Trends in the telecom industry and opportunities for service providers", *13th IEEE International Conference on Transparent Optical*

Networks,Estocolmo, pp. 1-4, 2011.

[25]X. Lei, X. Zhe, M. Shaowu, T. Xiongyan, "Cloud computing and services platform construction of telecom operators", *2nd IEEE International Conference on Broadband Network & Multimedia Technology*, pp. 864-867, 2009.

[26]T. Anéis, G. Caryer, J. Gallop, J. Grabowski, T. Kovacikova, S. Schulz, I. Stokes-Rees, "Grid and Cloud Computing": Opportunities for Integration with the Next Generation Network", *Journal of Grid Computing*, vol. 7, pp. 375-393, 2009.

[27]C. Ward, N. Aravamudan, K. Bhattacharya, K. Cheng, R. Filepp, R. Kearney, B. Peterson, C.C. Young, "Workload Migration into Clouds Challenges, Experiences, Opportunities", *3rd IEEE International Conference on Cloud Computing*, pp.164-171, 2010.

[28]V. Goncalves, P. Ballon, "An exploratory analysis of software as a service and platform as a service models for mobile operators", *13th IEEE International Conference on Intelligence in Next Generation Networks*, pp. 1-4, 2009.

[29] Oracle, "Achieving the Cloud Computing Vision", *An Oracle White Paper in Enterprise Architecture*, Outubro de 2010, http://www.oracle.com/technetwork/topics/entarch/architectural-strategies-for-cloud-128191.pdf , [Última visita: 5/12/2013].

[30] *Wikipedia*, "Cloud Computing", disponível em: http://en.wikipedia.org/wiki/Cloud_computing. [Última visita: 6/12/2013].

[31] *sproutcore*, "What is Cloud Application", Disponível em: http://wiki.sproutcore.com/w/page/12413089/WhatisaCloudApplication,[Última visita: 4/12/2013].

[32] DAVID E.Y. SARNA, Implementing and Developing Cloud Computing Applica- tion,*Book*, Auerbach Publications, 2011.

[33] Nazia Majadi, "Cloud Computing - Questões e Desafios da Investigação em Cloud Computing", (Documento número-312), *Actas da Conferência Global de Engenharia, Ciência e Tecnologia2012*, Dhaka, Bangladesh, 28-29 de Dezembro, 2012.

[34] *IBM*, "Cloud Multitenant SaaS", Disponível em: http://www.ibm.com/developerworks/cloud /library/cl-multitenantsaas/, [Última visita: 6/12/2013].

[35] *natunbarta.com*, "103mn mobile subscriber in Bangladesh", Disponível em: http: //www.natunbarta.com/english/sitech/2 013/07/01/5948/103mn-mobile- assinantes em Bangladesh, [última visita: 10/07/2013].

[36] *eHOWTM*, "The Impact of Cell Phone on Crime", Disponível em: http://www.ehow.com/about5398414impact-cellphones crime.html, [última visita: 09/07/2013].

[37] *The Financial Express*, "BTRC move-se para combater o crime usando o telemóvel", Disponível em: http://www.thefinancialexpressbd.com/index.php?ref= MjBfMDlfMzBfMTJfMV84OF8xNDUyODM , [última visita: 12/07/2013].

[38] *CiOL*, "Illegal SIM cards being misused by terrorists", Disponível em: http://www.ciol.com/ciol/news/87125/illegal-sim-cardsmisused-terrorists, [última visita: 11/07/2013].

[39] *hidustantimes*, "10 mn cartões SIM usados para o crime, terror em Bangladesh: Police, The Hindustan Times", Disponível em: http://www.hidustantimes.com/worldnews/Bangladesh/10-mn-SIM-cards-used-for-crimeterror-in Bangladesh-Police/Article1-461103.aspx, [última visita: 09/07/2013].

[40] *news.com.au*, "Bangladesh bloqueia 1,5 milhões de telemóveis para combater o crime", Disponível em: http://www.news.com.au/technology/bangladesh-blocks-1-5-million-mobile- phones-to-fight crime/storye6frfro0-1225839922680, [última visita: 08/07/2013].

[41] *bdnews24.com*, "BTRC move-se para proteger os utilizadores de telemóveis", Disponível em: http://bdnews24.com/business/2013/05/24/btrc-moves-toprotect-cellphone-users. [última visita: 12/07/2013].

[42] *telekothon.com*, "Mobile Phone Subscribersstatistic   ",   Disponível em: http://www.telekothon.com/2013/06/mobilephonesubscribers-at-end-of-may- 2013.html, [última visita: 08/07/2013].

[43] *DhakaTribune*, "DGFI concerned about crime through mobile phone networks", Disponível em: http://www.dhakatribune.com/bangladesh/2013/nov/02/dgfi-concerned-about- crime-through-mobile phonenetworks, [última visita: 07/11/2013].

Printed by Books on Demand GmbH, Norderstedt / Germany